讨好型人格

［美］米基·法恩 ——————— 著　李楠 ————— 译
（Micki Fine）

THE NEED TO PLEASE

中国友谊出版公司

图书在版编目（CIP）数据

讨好型人格 /（美）米基·法恩著；李楠译 . -- 北京：中国友谊出版公司，2021.12

书名原文：THE NEED TO PLEASE : MINDFULNESS SKILLS TO GAIN FREEDOM FROM PEOPLE PLEASING AND APPROVAL SEEKING

ISBN 978-7-5057-5360-0

Ⅰ . ①讨… Ⅱ . ①米… ②李… Ⅲ . ①人格心理学－通俗读物 Ⅳ . ① B848-49

中国版本图书馆 CIP 数据核字 (2021) 第 220615 号

著作权合同登记号　图字：01-2018-4081

书名	讨好型人格
作者	[美] 米基·法恩
译者	李　楠
出版	中国友谊出版公司
发行	中国友谊出版公司
经销	新华书店
印刷	大厂回族自治县德诚印务有限公司
规格	880×1230 毫米　32 开
	8 印张　144 千字
版次	2021 年 12 月第 1 版
印次	2021 年 12 月第 1 次印刷
书号	ISBN 978-7-5057-5360-0
定价	49.80 元
地址	北京市朝阳区西坝河南里 17 号楼
邮编	100028
电话	（010）64678009

赞　誉

这本既神奇又实用的书能帮你从向外界寻求认可中解脱出来，并找到你真正需要的自我接纳和慈悲。

——《自我同情》（*Self-Compassion*）作者

克里斯汀·聂夫（Kristin Neff）

法恩具有西方心理学的背景和丰富的正念教学经验，她清晰地指出了我们喜欢向外界寻求认可的行为习惯，并且提供了许多冥想方法帮助我们摆脱这一习惯的束缚，然后按照我们与生俱来的慈悲和智慧去生活。

——《彻底的接纳和真正的皈依》

（*Radical Acceptance and True Refuge*）作者

塔拉·布拉克博士（Tara Brach, PhD）

《讨好型人格》是一本重要的书，它揭示了我们寻找爱的痛苦历程。你将会发现，一直以来你所寻求的所有种种，原本就存

I

在于你自身——从来无须外求。愿这本充满智慧的书，连同书中提到的种种练习正念和慈悲的方法，可以帮助你走入自己的内心智慧。

——《基于正念的减压练习册》

（*A Mindfulness-Based Stress Reduction Workbook*）作者

鲍勃·斯塔尔（Bob Stahl）

这本极富感染力的书向我们描述了那些原本由恐惧、自我怀疑或者厌弃所驱使的时刻，能通过正念练习带来新的觉知。作者用一颗仁慈和敏感的心写成了这本书，它从体验层面提供了一种路线图，可以带你重新发现真实价值和内在力量的组成部分。

——《穿越抑郁的正念之道》

（*The Mindful Way through Depression*）作者

多伦多大学心理学教授辛德尔·西格尔（Zindel Segal）

在书中，米基·法恩阐明了与讨好的需求有关的挣扎和焦虑的本源，用清晰的笔触让我们对此进行深刻了解，并且通过正念和慈心练习，引领读者一步一步地踏上发现和自由之旅。

——马萨诸塞医学院正念专业训练和教育中心

主任 弗洛伦斯·米罗-迈耶（Florence Meleo-Meyer）

《讨好型人格》这位向导，以一种对你来说最舒适和最有效的方式，引领你一步一步地以自己的节律朝着特定的目标前进。读完此书，读者会对自身和他人产生一种更为深切的爱，以及一种更为平和、充实的生命体验。请尽情一试，你肯定不会失望的！

——印第安纳大学沟通和家庭健康教授

琳达·贝尔（Linda Bell）

这本书对我们所有人来说都弥足珍贵，我们都已在无价值感的雾霭中挣扎了太久，觉得必须要去讨好他人才能获得爱，甚至只是让人堪堪忍受我们罢了。法恩给我们提供了一条路径，让我们驱散阴霾，重新找回本就属于我们生命中的安宁、爱和喜悦。

——《如何才能不羞怯》

（*The Mindful Path through Shyness*）作者

斯蒂夫·弗洛沃斯（Steve Flowers）

为什么要讨好他人呢？因为我们深信生活是源自别处某个地方，而非在当下。我们轻易接受了一种观点，认为仅仅拥有当下是不够的。法恩给予我们一种可能，让我们得以停下来稍事休息，充满觉知，对自己温柔以待，接纳我们既平凡又伟大的内在——美丽、慈悲、慷慨、创造力和意义——这在我们每个人身上都存在。这是一份来自阅读的礼物。这是一份来自付出的礼物。

——《暂停的力量和心灵花园》

(*The Power of Pause and Soul Gardening*) 作者

特里·赫尔歇 (Terry Hershey)

前　言

在我 20 多岁的时候，我发现自己处在了人生的十字路口。在此前的大部分时间里，我都是一个乖巧的女孩：毕业于名校，是一个温驯的女儿、听话的学生；在空余时间里，还会去做志愿者，不知疲倦地照料他人，为社会做贡献。我每一步都循规蹈矩，从不越雷池一步。

但是在种种的表象之下，我内心深处并不快乐。不管受到了多少表扬和赞许，也不管多么努力地去变得完美、随和以及乐于助人，我始终都感觉自己不够好。我深陷于自我批评的泥沼之内，力求变得完美，但却总是求而不得。

转折发生在我去印度旅行的时候，幸运来得不可思议：我邂逅了正念（mindfulness）教学课程。我看到，通过富有同情心的念力，我能够清醒地观照自身的体验，而不是沉浸在这种情绪之中无法自拔。我对这种洞察心灵的方式非常着迷，也为能够摆脱自我批评的束缚如释重负。我全身心地投入到正念修习当中。

在正念中，我学着同自我批评相处，有意识地对那些声音保持警觉：那些声音告诉我，我自己不够好；它们还告诉我，我的价值必须依附于他人才得以存在。每次生出这种判断的时候，我都有意识地保持觉知，放松心态，最终得以看穿它们。这种觉知，连同大量练习之后产生的正面积极的情绪——尤其是在自我引导之下产生的善意和同情心——创造出一个崭新的内心世界，较之从前，这里充满了更多的关心和自我接纳。

这种情形不是一朝一夕之间产生的，过程也殊为不易。但是毋庸置疑，辛苦没有白费。25 年之后，这些习惯仍旧有些蛛丝马迹残存，但是已经无伤大雅，不会对我产生大的伤害了。

序　言

在我 10 岁那年，有一天我颤颤巍巍地攀在秋千架最高的架子上，小手紧紧抓着最大的那根棍子。我最好的朋友特蕾莎（Teresa）使劲游说我，说我能握着这根棍子向前翻转，最大幅度地向前转一圈，然后回到我开始摇摆的那个最高的架子上。然后我就听了她的话，用尽了一个小女孩所有的力气——只听"扑通"一声，我从 8 英尺①高的空中跌落，仰面倒在地上。

你可能会说，小女孩就爱做愚蠢的事情，但是现在让我们来从更深层次上思考一下这件事。我之所以来个倒栽葱，是因为我想让我的朋友高兴，好让她爱我。多年以来，我一直被教育要向别人请教我应该做什么，竭尽全力去讨好他们。我相信如果我不这样做的话，他们就不再爱我，可能会从我身边离开。我是如此轻车熟路地去讨好别人，以至于不顾自己的安危，一头栽了出去。

---

①译者注：约为 2.4 米。

这种轻车熟路来自于在生命中没有得到过足够的爱和接纳，反而是从小伴随左右的、来自长辈的过分苛责。尽管这些批评是善意的，但是这无法证明他们对我的爱，无法证明他们爱着我本真的样子。我的心灵受到了创伤，我相信自己不配得到爱，我要为别人的福祉负责；我要穷尽一切可能去讨好别人，否则就可能会面临被抛弃的风险。在很多年里，我的生活和人际关系都受到这种心态的严重影响。

　　在我的生命中，有很多时候，我都会置自身幸福甚至安危于不顾，就是为了让别人爱我：秋千事件只是其中一桩罢了。我在不知不觉中耗费了很多时间和精力去尽力讨好别人，好让他们来爱我，不离开我。这么来打个比方吧：在我年轻的时候，我好像一遍又一遍从秋千架上飞出去，只要有人说"跳"，我就跳。我会尽我所能去友善待人、随和可亲。我会违心地说"是"。我试图解读别人想要我做什么。虽然许多人认为我是"随和小姐"（Miss Congeniality），但是我却感到自己越来越焦虑，越来越抑郁和愤怒。

　　在我 30 多岁的时候，人生中出现了一次转折：我发现了两个神奇的过程，它们帮助我探索了内心世界，使我可以坦然面对自己的内心——那就是心理治疗和正念。心理治疗帮助我回溯过去，使我意识到它是如何对当前的我产生影响的，并且帮助我学习如何积极地看待生活，其中就包括怀着正念的心态生活。正念就是一种意识，当我们带着开放的、毫无偏见的心态面对当下的时候，这种意识就产生了。我有时候会开玩笑说是正念救了我的命，正念练习帮助我认识了什么是爱，使我从围于观念所限而带来的痛苦中解脱出来。

现在你有这本书在手，你就很有可能得以开始探索正念。这种强大的修习练习，已经帮助数以百万计的人在生活的艰辛中找到了平和与爱。如果我的故事听起来似曾相识，我希望你能继续阅读下去，认识一下正念是如何把你从讨好型人格（chronic people pleasing）行为模式中解脱出来的。

本书的架构

因为正念是本书提到的核心方法，所以第一章探讨了正念的基础知识。有了一个大概的认识以后，你就可以一边阅读本书，一边进行正念练习。第二章探讨了常见的童年创伤，而这正是讨好型人格行为模式的肇始。

第三章和第四章则重点关注了讨好型人格行为模式及其相关的思想、情绪、行为和关系动态。愉悦他人是生命中有价值的一部分，大多数宗教和精神传统也都这样教导我们，照顾和爱他人是精神修行最高级的形式之一。然而，当讨好他人的行为背后的动机是无价值感和不被爱，甚至是唯恐自己被人抛弃，那它就沦为了一种不健康的、强迫性的和痛苦的行为模式。

处在这种行为模式下的人会深感自己毫无价值，扭曲自己去满足别人的期待，生怕自己无法满足别人的要求，因而不免要牺牲自己的幸福来讨好或迎合他人。如果你也身处其中的话，你会违心地对别人说"是"，常年戴着"老好人"的面具，为一切感到歉意，与你的内在之善失去连接，并且无力追寻自己的人生道路。萨尔曼·拉什迪（Salman Rushdie）将这种行为模式描述为"被关在囚笼之中，遭受着没完没了的折磨，且无处可逃"。

然而，有一种方法可以帮你摆脱这种没完没了的折磨，那就是正念。第五章到第十二章的内容将帮助你培养正念精神，并将其应用到讨好型人格行为模式中。这可以帮助你愈合童年创伤，滋养如自我同情、意向和平静响应能力，而这些能力通常都被终其一生的讨好行为模式遮蔽了。这会使你得以释放驱动寻求认同行为背后的恐惧，可以打开心扉全心全意、坦坦荡荡地来爱人，在你的关系中寻找更好的平衡，更全面地欣赏和享受生活。

这本书的每一章都探讨了一个话题，并提供了一些方法，你可以借此来实践你学过的内容，花点时间反思一下该如何将其运用到你的生活中。自始至终，你都会发现体验式练习会帮助你整合你所读到的所有内容。另外，本书还提供了各种正念冥想

（mindfulness meditation）实践，来帮助你把冥想变成日常生活中的一部分。

地图

这本书的实用目的就在于将你从讨好型人格模式中解放出来，敞开胸怀去面对无条件的爱：这是一场旅程。无论在何处做何逗留，我们都要始终不忘初心，牢记此行的目的。意识觉知（conscious awareness）对此行来说至关重要，可以使你理解和真正意识到，在任何特定的时刻，你都能随时感受到自由、舒适、欢乐和爱。这场旅程始于正念，而与此同时，这也是此行的目的和手段。你可能听说过这句话，即生命是一场旅程，而非目的地。这句话是开启正念练习的钥匙，可以使你从讨好型人格行为模式中解脱出来。当你开始练习正念，你的经历会告诉你，你生命中的每一刻都是独一无二的，你可以在其中学习和成长。

旅程的起点

在我们的探索之旅中，我们通常不会花时间思考此行的起点。然而，如果你想要达到目的，了解你的出发点是至关重要的。例如，在你向航空公司预订机票的时候，为了确保订票成功，你必须确定你的出发点。为了绘制出从长期寻求别人认可到朝着真正的爱与自由前进的旅程图，你需要意识到当前的行为习惯的特点：自觉毫无价值、经常关注别人怎么看你和在人际关系中处于屈从地位等。一旦你清楚自己置身何处，你就可以培养客观的意识，它们可以帮助你辨别出你身上那些痛苦的、寻求别人认可的慢性行为模式的特点。

旅行的方式

正念同样也是此次旅行的手段，帮你从讨好别人和寻求别人的认可中解脱出来。正念练习可以帮助你开启生命的觉知，认清生命本真的样子，意识到那些你为了讨好他人而舍弃自身的时刻，还有那些你自觉毫无价值，或者担心别人不喜欢你或不爱你的时刻。然后，你可以带着由正念唤醒的觉知和同情去面对这样的时刻，而不是以你过去所采取的那些否认、被动做出反应和严苛等方式。在你阅读本书时，你或许会产生许多想法、思考和判断，我建议你也在其间运用正念练习，这样你就可以轻松地体验这本书，或许还会带着更加开放和同情的心态来进行阅读。

旅行的目的地

当然了，目的地也很重要。在你阅读此书并参照相关方法进行练习时，你就正朝着这样一个方向前进：在那里你会远离恐惧，放手去爱，疗愈由讨好型行为模式带来的创伤，提升自尊，创建平衡的人际关系，并得以自行选择人生之路。正念可以帮助我们接受生命本真的样子，获得需要拒绝的时候说"不"的自由，勇于面对同所爱之人的冲突并能心平气和地解决，对其他人充满友爱而不是情非得已。

首先，重要的是要弄清楚这次旅行不会去的地方，我说的是从讨好型行为模式中解脱出来。当我说"解脱"时，我并非是说再也不要讨好他人或绝不要这样做；也不是说只照顾自己的需求就好了，或者只是抱着一种玩世不恭的态度，对其他人的需求漠不关心。

恰恰相反，从讨好型和寻求他人认可行为模式中解脱出来，正是意味着在你敞开心扉面对自己，与自己内心深处、与生俱来的能力建立连接之后，你能由衷地关心别人和他们的幸福——而这种能力，正是正念所赋予你的。在这个过程中，你会发现你已然获得了曾经想从寻求他人认可中获得的东西。由于你不再将自身的意义和生存与别人的照顾等量齐观，你出于爱而非恐惧去照顾别人的能力会有所提升。

在你打开了爱的本性，放下恐惧之后，很多事情都可能发生。以前一直集中在其他人身上的注意力现在得以释放，转移到当下最重要的事情之上。关于别人对你的看法，你也会少些担心。你可以更专注于自己的生活，多内省，关注自身的内在价值，从而明白什么才能给生命增添意义、目的和欢乐。你可以学着认识自己是谁，什么对你来说才是至关重要的，以及如何照顾好自己。平和地看待自己和自身的情绪，这样可以帮助你变得富有同情心，并且坚毅自信，爱自己，也爱他人。

在你通过正念将自己从讨好型行为模式中解脱出来以后，你的人际关系会变得更加友爱、平衡，也更富有连接感。通过正念练习，你可以坦然面对自己和他人天性中与生俱来的仁慈与爱。这样可以使你更加自由地去爱，更坦然地面对你所爱之人的关心，以一种无所畏惧的、充满爱的方式照顾自己和你的爱人。

如何使用本书

以开放的心态阅读本书是很重要的，这样一来你可以与书上的想法建立起连接。然而，不要轻易相信书本上写的内容，除非你自己已经进行过反思，或者更好的做法是自己先应用一下。我们可以从爱因斯坦那里得到指点，他认为经验是所有知识的来源。要亲自经历，并且要珍视它们。这一点很重要，特别是如果你多年来已经习惯于向别人寻求认可的话。试着用你所读到的内容来调整你的想法和感受，然后判断这是否适合你的情况。

在这本书中，除了说明文字，你会发现还有练习、反思和冥想实践等。在做练习和思考的时候，我建议你先做几分钟的冥想练习，来帮助自己安顿下来。我将提供几种可供你使用的冥想方式。还要记住，这些练习和反思的目的在于提供一个自我发现的机会。因为这是你自己的独特之旅，所以并不存在一个单一的、完美的和正确的旅行方式。

我鼓励你去尝试本书中所有的练习和实践，但是不要给自己施压或强迫自己，因为这只会使你对自己更加严苛，使得讨好型行为模式所带来的危害雪上加霜。相反，尝试善待自己，放弃做出判断，培养一种探究精神。

日志记录

我建议你将每次练习的体验都用日志的形式记录下来。每次练习的时候，都要同呼吸建立连接，检查自己此时出现的感觉、思想和情绪等，以一种开放、同情和客观的心态对待日志记录。不要担心行文的质量，只是在你的想法和感受出现的时候把它们记录下来即可。最好是用笔写下来，而不是在电脑上敲字，因为写作的过程可以帮助你放慢节奏，仔细反思这一话题。

我的意图

当你在阅读我对讨好型行为模式和寻求他人认可行为所做

的描述时，注意一下你自己做出的判断，以及你是怎样看待我的观点的。我写这本书的目的是培养对讨好型行为模式的同情心，并欢迎你来进行正念练习，绝非是想要责备你或羞辱你。我希望你所阅读的内容会鼓励你坚持几个月的正念练习，这样你就可以体会这种做法是否适合你。实践出真知，不去尝试，你就永远无从知晓。

目　录

CONTENTS

说"不"……虽然这些心理或行为的初衷是为了获得爱与接纳，但它其实会使伤口进一步恶化，导致无价值感和不值得被爱的感觉加剧。

长期戴着"随和"的面具会让别人很难见到你真实的一面。由于你将自己的想法、感受和意见深藏于心，所以你的伴侣无从得知，因此你们无法发展真正的亲密关系。

培养对于身体的同情心，活在当下，与身体建立内在连接，能帮助你更自在地栖居其中，从而可以感受爱，从身体的内在智慧中汲取力量，生活得更快乐。

思维在很多时候给予了我们很大的帮助。但是因为它是为了生存而发展出来的产物，它几乎从未停止过寻找麻烦。思想总是处于评估、分析和担忧之中。

当你发现自己在寻求别人的认可时，深吸一口气，记住你的讨好行为习惯来自于希望帮助自己快乐和自由的渴望；同时也要放弃因为这些习惯性的行为和思维方式而产生的责备或者自我判断。

所有的情绪都有积极的、自适应的特点，这可以帮我们认识和关照我们的需求。例如，愤怒也许是告诉我们自己被伤害或被侵犯了，也许是告诉我们应该纠正错误或者学会表达自己。

对自己心怀善意，给自己一个机会真正体会到善意的理解所带来的温暖和接纳，而这正是你所渴望的。虽然你常常试图让他人来理解你，但是真正能疗愈你的，是你对自己的理解。

如果你把精力过多集中在别人的需求上面，那么几乎不可能察觉出什么对你来说才是真正重要和有意义的，更不用说去采取行动了。

随着克里斯开始接受自己是一个脆弱的、有缺陷的但却不失美丽的人，她开始以同样的方式看待别人。她逐渐放弃了对查尔斯的期望，不再期冀对方能够或者应该给予她完美的爱，她给了对方更大的自由来做自己。

通过正念练习，你会获得平静的心态和洞察力，它使得你在情绪上更富弹性，逐渐摆脱讨好行为习惯所带来的焦虑。

第一章

ONE / 正念：此刻是一枝花

　　正念是你对当前状态的一种觉知，你要有意识地带着开放和无偏见的心态面对当下。任何事情都可以与正念练习结合起来，从你周围的世界到你自己的想法、情绪和身体感觉等。

清晨，格兰特（Grant）开始给他刚出生的儿子威尔（Will）喂奶。晨曦给墙壁染上了一层淡淡的红色，怀抱里的儿子非常可爱。格兰特觉得这样的时刻非常宝贵，他很享受身处其间的平和与安宁。

然而那天早上，他却感到心烦意乱，但只是模模糊糊地觉得境况不妙，情形有些令人担忧。他的妻子艾比（Abbie）说要和他谈一谈，但是她说话的语气很不妙。格兰特担心自己又惹她生气了，害怕她会带着孩子离开，那样的话，他一直以来最为恐惧的噩梦就变成真的了。在他试图尽力去关注这一繁难之事的时候，他感到体内一阵紧张，烦躁不安，恼怒自己过分关注此事，告诉自己要控制情绪。很快，他抓起手机和一位同事取得联系，同时继续给威尔喂奶。

我们都有过这种时候，手上在做着一件事，而思想却魂游天外，在过去或未来之间穿梭，又或者是做着白日梦。我们大部分时间都神不守舍，不能全身心投入当前的生活之中，那可能就会因此而产生一些困境。

首先，我们错过了最重要的时刻。格兰特太过在意艾比曾经说过的话，对未来过度担忧，他忽略了婴儿在怀的感觉，听不到威尔大口吮吸奶瓶的声音，闻不到婴儿头发散发的乳香味，感觉不到他稚嫩的小手，以及他对儿子无条件的爱。在他拿起电话时，他就选择了躲避直面自身的情绪——同时也试图不去面对整个状况。遗憾的是，这种情况经常存在。我们通常都会对当下漠然置之，尽管这是我们唯一真正所拥有的时刻。

此外，就像格兰特一样，我们通常意识不到大脑在想些什么，也不知道我们的潜意识将会如何使我们陷入困境。在格兰特着眼于未来的心路历程中，他所设想的未必会发生，至少不会以他所预期的方式发生。可以理解的是，这让他感到焦虑和孤独。

如果你一直听之任之，你的思绪会飘向何方？你是否深陷于一些固定的思维模式之中，才会执着于寻求外界的认可？你大部分时间都在关注什么？你是否时刻关注着别人的想法，想着应该做些什么来讨好别人，或者是心心念念于如何与人和睦相处？

心灵另一个麻烦的特质在于试图压制、摒弃或者摆脱困难的体验，而喜欢紧紧抓住愉快的感受。格兰特也正是如此：他逃避面对自己的恐惧，不敢直面自己对爱的渴望，谴责自己，审视情绪，然后让自己陷于事务之中，这样就可以无视自己的感情。这是一个再自然不过的反应，但实际上却使已经存在的困难局面雪上加霜。

幸运的是，这些问题是有解的，那就是——正念。正念是你对当前状态的一种觉知，你要有意识地带着开放和无偏见的心态面对当下。任何事情都可以与正念练习结合起来，从你周围的世界到你自己的想法、情绪和身体感觉等。通过练习，你可以选择活在当下，勇敢面对那些艰难的体验，包括当你感到被需要讨好他人的情绪所裹挟时。

在这一章中，我将探索正念的做法，告诉你它可以怎样帮你躲开各种陷阱，不至于陷入格兰特的境地：对生命中有意义的时刻视而不见，思想毫无边际地漫游，努力逃避痛苦的感觉——而所有这些都会产生痛苦。正念练习可以帮你理解这些感觉，并帮你以更少的被动反应性和更多的同情来看待所有的体验。这将提升你理性行事的能力，而不只是依赖本能做出反应，从而赋予你改变痛苦的能力和自由。

正念的起源

正念冥想已经有 2600 多年的历史了。它是一个源自佛教的概念，或者说像现在一些人所描述的那样，是一种"心灵科学"（science of the mind）；不过无须担心，要实践正念冥想不必非得做一名佛教徒不可。1979 年，乔恩·卡巴金（Jon Kabat-

Zinn）和他的同事们在马萨诸塞大学医疗中心创立了正念减压诊所（Mindfulness-Based Stress Reduction Clinic，MBSR）。这点星星之火，最后化作燎原之势：它孕育了世界上最大的减压诊所，衍生出数百家正念减压疗法诊所，以及因此而涌现出了同行对正念作用效果所做的成千上万篇评议研究。

正念练习

当我们关注当下，注意到并且放弃那些判断、挑剔的念头和先入为主的想法时，正念这种意识就产生了。通常我们的注意力都局限于思考我们自身的体验，特别是那些我们认为事情应该是怎样的和我们可以做什么。通过正念，我们可以更直接地通过感官观照我们的生活体验，而不是通过那些使我们的视野变得狭窄的自动的、反射性的想法，这样可以让我们更为清晰和坦诚地面对当下。

正念是人类与生俱来的一种能力，任何人都可以培养这种能力，包括你在内。我们可以看到，幼儿身上的这种能力是天生的，这一点我是在我的教女伊丽莎白（Elizabeth）身上感受到的，她只是一个正在蹒跚学步的孩子。当她光着脚丫坐在秋千上向后荡时，注意到了自己的脚趾，高兴地喊："脚趾头！"在秋千向前荡时，她抬起头，大声说："天！"她全新的视角赋予她一种活力和一种惊叹的感觉——"哇！"这种能力也是你与生俱来的，在你自己体内，你已然拥有了练习正念所需要的一切条件。

练习分为两种：正式的和非正式的。这是两种不同的途径，但是都可以帮你和内在的种种品质——诸如活力、无反应性、开放性和同情心重新建立连接。正式练习的特点是，在日常活动之外，你要抽出时间来进行冥想。在这本书中，我会教你一些正式练习的方法。非正式练习则是在日常生活体验中刻意培养出一个当下时刻，一种非主观的意识。例如，你可以注意一下手的温度是凉还是热、咖啡的香味，或者关注一下那些或焦虑或快乐的想法和感受，等等。正式练习和非正式练习彼此滋养、相互促进，共同构建了意识、同情和稳定。

在正念练习中——正式练习和非正式练习都包括在内——对呼吸的觉知是不可分割的一部分。关注呼吸可以使我们的心安住在体内，而且直接的感官体验往往是我们进入当下的首要途径。

非正式练习：停下来做一次深呼吸

既然呼吸对于正念练习是如此有益，那就让我们从这里开始吧。

现在，先暂时停下来，通过进行有意识的深呼吸进入当下。注意与呼吸相关的各种感觉：吸入体内的清凉空气和呼出的温暖的气息，你的腹部或胸腔轻轻扩张和收缩，或者是你呼吸的声音和空气在你的鼻子和嘴巴里的感觉。只是试着去了解你所注意到的气息就好，不要试图以任何方式去改变它。

任何时候、任何地点，你都可以施行这个非正式的正念练习。即便在那些你觉得必须要去讨好他人的艰难时刻，用这种方法关注呼吸也能帮你感觉更安心。例如，当某人表达的意见与你相左时，停下来做一次短暂的深呼吸，这就在你做出回应之前为你提供了一些缓冲时间。这可以给你更多的自由来防止自己做出一个自动反应，比如为了表达自己的友善而点头表示同意。

非正式练习：带着觉知吃东西

下面这个是由乔恩·卡巴金（1990）创造出的一种常见的、经典的正念饮食（mindful eating）练习。要做这个练习，你需要准备两粒葡萄干或另一种少量的天然食品。

假装你之前从来没有见过这些食物。用一种全新的眼光看待它们，就像伊丽莎白看待她的脚趾和天空一样。调动你所有的感官来感受它们，但是味觉保留在最后。你看到什么了吗？也许你注意到了大小、褶皱、颜色或者形状。摸起来感觉如何？它们是不是黏黏的、湿软的，或者是有延展性的？你通过嗅觉又闻到了什么？如果你的思想有些走神，轻轻地把它带回到需要关注的对象身上。你能听到它们吗？如果你用手把它们捏扁，再把它们凑到耳朵旁，你就能听到它们的"喧哗"声。

请注意你每一刻的体验，包括在你把一小口食物放进嘴里之后，你体内的感觉。当你开始咀嚼时，让它们在口中停留一段时间。在那里会发生些什么？也许你注意到嘴里有一股唾液涌了出来。也许口中的物体会变得膨胀。在你开始咀嚼之后，节奏一定要慢下来。注意感受食物的味道、嘴里产生的变化、吞咽的感觉以及食物通过食道时候的感觉。

接下来去吃第二种食物，好像你也从来没有吃过一样。

***

欢迎回来。对于葡萄干或其他食物，你都注意到了些什么呢？大多数人对这些食物获得了比平时更为丰富和充实的体验，这可以帮助他们意识到在生活中错过了多少细节体验。在他们意识到如果运用觉知会对他们的经验产生怎样的影响之后，许多人都会发出一个小小的惊呼，同时还意识到他们可以把这个应用到生活中的其他方面。如果你对包括情绪和思想在内的其他日常体验都抱有这种觉知，你能想象事情会有何不同吗？

发现日常生活中那些特殊时刻

有些人想知道为什么他们应该关注那些看起来很平凡的日常行为。但是就像你已经在葡萄干练习中感受到的那样，某个行为每天都发生并不意味着它就是平凡的。因为这是我们唯一拥有的时刻，发现它、体验它是有意义的。此外，当我们生活在当下一刻时，我们会快速做出反应。举例来说，如果你是属于寻求认同的思维模式，你可能会期待做些什么来得到别人的认可。当你意识到这种想法时，你就很可能不再陷入忧心之中，不会再以那种于你并无任何好处的讨好型行为模式行事。如果你意识不到这种想法的话，你可能会不知不觉地做出反应，你的行为只有很小的选择余地或者根本别无选择。此外，关注日常行为可以训练你的注意力，这样你就可以更多地生活在当下，即使面对挑战时也不例外。

非正式练习：在日常生活中练习正念

在日常生活中实践非正式的正念练习时，可以选定一个任务，比如铺床、刷牙或者洗碗，或者你只是坐在那里，又或者是在工作，体会一下自己此时的情绪。尽力用全新的、正念的眼光看待日常活动。例如，在你洗手的时候，感受一下水的温度和肥皂的光滑。闻着肥皂的香味，倾听水龙头流水的声音，体会双手相互摩擦产生泡沫的感觉。

非正式练习：在正念中使用线索

选择一些日常生活中的事件，将其作为停下来进行正念呼吸和停驻当下的线索。比如：

- 等待电脑开关机。
- 啜一口饮料。
- 站起来。
- 坐下。

非正式练习：巧妙地利用你的智能手机

为你的智能手机或电脑加载一个程序，让它们给你一个温馨提示，告诉你该停下来做一次正念呼吸了。

慈悲心正念法

当你允许自己经常停驻在当下时，你就能意识到快乐和痛苦这两种体验。这时悲悯之心就可以产生了。正念已经很自然地引领你面对自己身上已然存在的悲悯之心。对自己和他人的同情心可以帮助你更加宽容和仁慈地看待生活。

回避和抓牢

在你要陷入讨好别人的痛苦时刻，同情心和稳定的呼吸可以起到很重要的作用。虽然痛苦和困难是生命课题中的应有之义，但是试图去避免它们，并且争取抓住更好的东西是我们的本能。千百年来，我们逐渐掌握了这些生存技术，并且在生活中运用自如。比如说，如果一头熊在追你，你的回避本能（avoidance instincts）就会启动，它促使你开始战斗或逃跑。

但是，一旦回避和抓牢本能延伸到我们的内心生活时，问题就出现了。在遭遇痛苦的时候，我们会试图转移自身的注意力来逃避痛苦，或者通过抑制我们的情绪假装痛苦根本不存在。我们试图让愉快的事件停留得更久一些，这可能会导致我们错过当下时刻中所有的一切。在一想到假期就快要结束的时候，你有没有开始觉得很焦虑？大多数人都有过这种体验。问题在于，它会损害我们享受剩下的假期的能力。

其实这和陷入讨好型行为模式有些类似，因为你为了否认愤怒总是去迎合别人，时刻坚持与人为善以求得别人喜欢。但是当你挣扎其中时，你实际上会使困难的局面更加难堪。举例来说，在你试图摆脱愤怒时，你其实是因为生气而对自己产生愤恨，从而在精神上制造了更多的压力，而这也剥夺了你从根本上解决问题的机会。

通过正念练习，你可以学会不再逃避当下所遇到的一切事情，转而面对你的内心体验，并待之以宽容和友善。这可以帮你更清楚地看到眼下正在发生的事情，从而为解决困难创造出更多选择。这是一种勇敢的姿态，敢于承认和体验当下的真相，这样你就可以更巧妙地决定需要做什么。

亚历克斯（Alex）是一名 25 岁的医院行政管理人员，她来找我做正念训练，想要解决她在生活中的大部分时间里感受到的焦虑和无价值感。在升职被拒以及遭受了来自老板的严苛批评之后，焦虑和担心别人怎么看自己这两种情绪把她折磨得心力交瘁。她说她总是试图去讨好别人的努力效果不好，她希望现在能做出改变。

在亚历克斯小的时候，她的父母希望她能平安长大、不必受苦，所以他们热切地呵护着她，为她做出大部分决定。亚历克斯从不被允许自行探索生活方式，她长大后就会怀疑自己的意见和需求。她试图去揣摩别人对她的期待，寻找被人认可的蛛丝马迹——她以为这会为她带来被爱和认可。她还几乎对自己所做的一切都极尽挑剔之能事，尤其是在自己犯错误时。

在我们的共同努力下，她开始明白她太过于迎合他人的需求而压制自己的情绪了。这个情结纠缠至今，她注意到她的焦虑是紧随害怕而来，以及紧随因自己焦虑而产生的自责而来的。最终，她试图逃避痛苦的情绪只会增加她的焦虑、无价值感和易激惹的倾向。

在解决她的焦虑和无价值感这一问题上，亚历克斯显示出了极大的勇气。有一次，我请她善意地来看待她的焦虑，而不要试图去改变或修正它。我让她闭上双眼，放弃与情绪的抗争，有意识地去感受一下焦虑在体内的感觉。我在一旁注意观察：她的眉头皱起来了，然后又舒展开来；眼泪流出又流干；最后，一股显而易见的平静驻留在她体内。她睁开眼睛时，脸上带着一抹笑容，她说她不再害怕自己了。

当然，亚历克斯面临的挑战并未结束。有的时候她能和情绪体验和平相处，但是有些时候她又在挣扎和抗争。但总的来说，她觉得自己更有能力平和地处理自己的情绪。几年后，我们有一次偶然邂逅，她说正念练习是她为自己做过的最好的事情。

非正式练习：有意识地进行呼吸

要了解正念，付诸训练远比纸上谈兵更行之有效。现在让我们做一个简短的正念冥想练习。在理想情况下，你可以留出大约10分钟的时间，你也可以根据自己的需要进行调整。

找一个私密的、舒适的地方坐下，尽量保证此处不被打扰。你可以坐在地板的垫子上，也可以坐在椅子上，双脚平放在地板上。无论采取哪种姿势，都要保证你这样坐最踏实、最舒适、最警醒和体面，这象征着你所要培养的意识和舒适的质量。

你可以闭上双眼，或者睁着眼睛，这都无所谓。如果你一直睁着眼睛，将你的视线轻柔地停驻在某个地方，这样一来你的心神就不会随着视线游移不定。

现在，请注意整个身体坐在……感觉身体被地面支撑着……

当你准备完毕以后，注意你的呼吸……观察哪部分呼吸感觉最为顺畅，就让你的注意力停在哪里……可能是在鼻孔……可能是喉咙的后部……也可能是胸部或者是腹部……竭尽全力地观照一下整个呼吸过程……感受一下整个吸气过程、任何停顿、整个呼气过程之后的身体感觉，然后最后注意一下下次吸气之前的任何停顿。

让身体自由呼吸……不要试图从任何一方面去控制它。对冥想的整个体验都抱以体贴宽容的态度。你不需要做任何事情，特别是无须刻意放松。冥想是在培养意识，放松会作为一个副产品自然而然地产生。

注意游走的思绪……无须为此自责。思绪只是有点游移，但这不是你的错。所以，只是承认心思有些心不在焉，放弃任何判断或指责，然后轻轻地回到呼吸本身。试着去善待游走的思绪。

你会发现给这些想法贴上诸如"白日梦""令人担忧的"或

者"规划"等标签会有所帮助。试着将这些游移的思绪看作培养对自己耐心和温柔的一种手段。

随着这种做法接近尾声，给自己一些时间来慢慢地适应外面的世界；你可以关注一下你睁开眼睛时所看到的（如果刚才是闭着眼睛的话）和你所听到的东西，等等。

***

欢迎回来。你在冥想中注意到了些什么？你认为冥想的结果有什么问题吗？在此基础上，我建议你进一步深入练习，这样你就可以更轻松地学会冥想。用几分钟的时间把你的体验写在日记里。

熟练进行冥想

在你开始进行冥想练习时，下面这些想法可能会对你有所帮助。如果你能切实理解它们，相信你能更加持续和经常地练习。

思绪漫游

大多数人发现，思绪会不断偏离呼吸——有时甚至集中几秒钟的注意力都做不到。要清楚这一点，即每个人的大脑都会思绪起伏蹁跹，那么当它发生在你身上时，你就不会感觉那么痛苦。此外，你还要理解，这是思绪本身的问题。换句话说，你无须为此而自责。

每次思绪游移不定的时候，只需承认现状即可，不要做出指责或判断，回到呼吸本身，一次、两次、再次。为了集中注意力，有些人发现默默地自言自语会有帮助：告诉自己"吸气"或者"呼气"，或者两者兼而有之。

用这种方式关注思绪漫游可以教会你很多东西，这也是我们将在整本书中要继续探索的。它教给你的其中一点就是你不必对每一个想法都做出反应，也不必苛求急于实现。随着时间的推移，这将帮助你意识到你不必总是急于去讨好别人。从更广泛的意义上说，它将帮你学会放手，不再苛求力图使某些事情发生。相反，你可以在呼吸中休息。

期望值

大多数人都带着期望值和目标开始进入正念练习的，比如使心灵收获宁静和感觉轻松。想要获得更好感觉的渴望是人之常情，也是健康和自然的。然而，对目标的关注会使我们从当下游离出来，会导致焦虑和不满。

这也适用于我们可能对冥想本身所抱有的目标。当我们专注于冥想的目标时，我们希望它是一个特定的方式。我们试着让它发生，对目标所取得的进展进行评估。尽管这些努力似乎有助于实现一个"好"的冥想体验，实际上它们阻碍了我们专注于当下时刻的体验。例如，如果一个冥想体验与我们所预期的有出入，我们当时就会对发生的事情感到沮丧，然后以我们自己与自己的战斗告终。关注目标和对另一种方式的抗拒会让我们感觉沮丧和不满。因此，我们可能会更加努力去实现一个目标，这将带来更多的痛苦，或者我们可能会完全放弃冥想，自行剥夺冥想可能会给我们带来的益处。

反思：探索你的预期

反思一下你所读到的内容可以帮助你明确自己的想法。现在花一些时间去探索一下你对冥想所抱有的任何期望值或目标。你或许会对正念能给你带来什么益处、它是怎样进行的，或者你能否会看到结果而有所期待。

在你做了正式的正念呼吸练习之后，你认为会发生什么事情？在你练习的时候，你努力使任何事情发生了吗？花几分钟在你的日记中记录一下这些情形。正如在序言中所提到的，首先花点时间与你的呼吸建立连接，然后检查一下当你思考这些期望值时，身体所产生的感觉、思想和情绪。不要担心行文的质量，在它们出现的时候，如实记录下来就好了。

如何处理期望值

对于冥想，一些人的目标和期望值是控制思想、安顿心灵，或者追求放松。努力实现这些目标的过程，就像是在强迫一个正在大发脾气的两岁幼儿冷静下来一样。这可能会使得孩子受到过度刺激而变得更为挑衅。同样，在冥想过程中，如果你试图控制你的头脑，它将会变得更加活跃；如果你试着强迫身体放松下来，你反而不会真正进入放松的状态，这使得它几乎不可能感到宁静与平和。矛盾之处在于，要想获得心灵的宁静和进入放松状态，最好的方式就是不要去试图达到这些状态。

这种事情说起来容易做起来难，这里有一些建议或许会有所帮助。在你进入冥想状态之前，和自己确认并且承认心中抱有的任何期望或欲望。温和地鼓励自己去培养善心和耐心，滋养一种任其自然的态度。此外还要记住，你无须对心不在焉感到自责，只是一次又一次地回到呼吸本身即可——而在冥想中，这同在呼吸中保持正念一样，都是冥想内容的一部分。当你注意到心思游移不定的时候，你是真正活在当下那一刻的。所以当你注意到心思在游移纷扰时，放弃评判自己，再次为自己活在当下，再次回到呼吸本身。

一个相关的期望值就是希望自己在整个冥想过程中能够保持专注，这会将正念冥想变成一场斗争。这样做的话，不仅你会从当下游离出来，你还会觉得好像冥想会永远持续下去，无始无终。上面的建议对于期望值也适用，还有这条额外的建议：只希望自己关注当前的吸气，随后只关注当前的呼气。换句话说，不要让自己去关注不属于当下的事情。切合实际的期望值可以帮助你应对漫游的思绪，让你在当下好好休息。

讨好型人格模式的期望值

对于指导冥想中期望值的建议也同样适用于你决定必须讨好他人的愿望。体会到为何在冥想中树立目标会引起痛苦而不是带来平静，可以帮助你认识到这与以牺牲自身的幸福为代价求取爱和安全感是如出一辙的。仅仅承认它们的存在即可，这样就可以让觉知的意识之光照耀在讨好行为模式之上，这将帮你踏上一条自由之旅，可以摆脱这种行为模式的束缚。举例来说，比如你被要求去为一个组织的委员会提供服务，而你是那个组织的一名志愿者。你可能会隐约感到事情太多有些无法适应，但你正常的、下意识的自动反应却是："好的，我可以去。"在经过正念练习之后，你可以停下来，做一次深呼吸，承认自己的期望值，也就是无论如何你都要讨好别人。这可能会带给你一丝缓冲，让你从习惯性的反应中解脱出来转而做出有意识的、有技巧的回应。

反思：探索一下你寻求认可的目标

用几分钟来练习一下正念呼吸，然后对你刚刚所读到的内容进行反思。当你身处讨好型行为模式中，试图寻求他人认可时，意图达到什么目的？在你过分关注这些目标时，会发生什么事？在你评估这些目标进度时，你会产生什么感觉？正如在序言中所介绍的，在你记录日志时，要本着一种开放的、自我同情和客观的态度对待你自己和自己的体验。

随意无为

日常生活中总是充满了各种待完成的任务和目标。因此，我们的注意力经常不在当下。当然，在当下一刻，我们很难感到满足和安宁，因为我们专注纠缠事物本来的样子。相反，我们可能会感到焦虑和不满，这样使我们无法机敏、娴熟地做出反应。

就像打网球一样，如果你思维超前，只是想象着球会如何反弹回去击中你的对手，而不是留意球的方向、感觉你的身体、用你的肌肉来巧妙地击球，那么你可能就会接不到它。关注当下可以帮助你同球建立连接。同样的，关注当下一刻可以帮你与生活建立连接。当你注意到日常生活中的预期，承认它们的存在，然后抱着一种"让我们看看究竟会发生什么"的试试看的态度，静观事态发展时，这可以帮你以一种更为开放的心态面对当下的事态，而不是努力去创建出一个特定的结果。这种随意无为的态度在练习正念中是很重要的。如果你希望使用念力来摆脱一种感觉或体验，比如沮丧的心情或者游移的思绪，你或许只会徒劳无功。仅仅以一种开放的心态关注当下，一次一次又一次，不要试图让任何事情发生，改变就此产生。

宽容之心

培养耐心、初心，不予评判，随意无为，可以孕育出一种能力，让你感受当下本来的样子，帮你看得更清楚。同样地，允许你自己完全做回自己，展示自己本真的样子，可以帮你体验被接纳的感觉，这是你从孩提时代就缺失的。因此你可以不必再从他人处努力寻得这种被接纳的感觉。相反，你可以安住在当下，不再被动地应对生活。在冥想过程中，也可能会出现心不在焉或焦躁不安的情况，你尽可以用这种态度来欣然面对。

鉴于我们的文化是以目标为导向的，以及我们必须讨好别人的信念是何等根深蒂固，因此在生活中采取宽容态度的行为是勇气可嘉的。当我们可以随遇而安地直面当下的体验，我们就无须再浪费时间和精力否认或抵制它们的存在，或者试图去迫使事情朝着与本身不同的方向发展。通过正念练习，我们可以培养出这种宽容的态度，最终实现自由。

突然和逐渐的觉醒

虽然练习正念会带来直接的好处，但是其影响也是一个渐进和累积的过程。当我们练习对当下的觉知和开放心态时，随着时间的推移，我们对当下的觉知和接受的能力会得到完善和加强。我们不仅会使关注力更加集中，而且会使得自己"有所不同且更为理智——整个身心都投入其中，可以调动所有的身体资源和感官"。

了解这一点可以帮助你在练习过程中安住当下，顺其自然。比如说，大多数刚接触正念练习的人将其所带来的直接好处描述为感觉自己更有生气、更放松了。随着练习继续深入，人们还会感受到其他好处，比如可以摆脱一个终生的积习，这是随着时间的推移而产生的，每天都会有所不同。我鼓励你让自己的练习顺其自然，不要试图迫使它符合自己的预期，这种预期可能是你从本书提到的各种实例和故事中受到的启发而产生的。

练习：鼓励你自己练习正念

用几分钟的时间来做一下正念呼吸。然后静静地坐着，引导正念的想法和感受。你可能会觉得这本书以及正念的好处能帮到你。你可能会对自己修习正念的能力有所怀疑，并且还质疑它是否真能发挥作用。不管在你内心会产生什么感觉，都要承认这一点，不要做任何判断，鼓励自己竭诚投入正念练习之中。不亲自试一试，你也不知道正念能给你带来什么。

小结

在读过有关正念的入门介绍和尝试了一些练习之后，你可能比最初多了一些问题，尤其是如果你是个新人的话。注意不要做任何挣扎，泰然地面对问题，允许它们进一步提升你的好奇心并激发你的探索之心。

我鼓励你经常进行练习，并且让它成为你自己的一部分。在做出有关正念练习的决定时，特别要注意倾听你自己的内心和直觉，尤其是那些习惯于讨好别人的人，他们总是会按照别人认可的方式做事。这本书只是给出了建议，而不是练习规则。我建议你起初先试着按建议行事，看看它是否适合你。

正念练习需要投入能量、花费时间、鼓足勇气和做出承诺，并且要求你深入了解当下这一刻，不管它是快乐还是痛苦的。如前所述，正念练习并不容易，但是它是有意义和有价值的。请记住，正是通过带着开放的心态纯粹和简单地关注当下，一次又一次，你才可以摆脱讨好他人的需要，获得自由。

第二章

TWO / 讨好型人格形成的根本原因

讨好型人格形成的根本原因——童年创伤：我们在原生家庭中没有得到过父母无条件的爱。父母对我们的爱都是有条件的，只有满足父母的要求，才能得到他们的关爱和赞赏；否则就会被父母大肆地否定、批判甚至打骂。

让我们再从第一章开始来回顾一下格兰特的经历。随着时间的流逝，格兰特频频感到自己暗自害怕与艾比发生冲突。他愿意做任何事情来赢得她的爱，来维系这段关系，包括小心翼翼、战战兢兢地保持和睦，正如他一直以来对他父亲所做的那样。在格兰特小时候，父亲要求他严格按规矩行事，一旦他有所抗拒，等待他的则是惩罚和嫌弃。每次在他对艾比的爱患得患失的时候，往事就会悄然浮上心头。

　　在本章中，我将论述导致讨好型人格形成的根本成因——童年创伤（childhood wound）：我们在原生家庭中没有得到过父母无条件的爱（unconditional Love）。此外，我还将论述讨好型人格是怎样从童年创伤中发展起来的。了解这一点，可以帮助你以更加清楚的目光审视过去，并且知晓过去是如何对当前的你产生影响的。它还可以帮你认识到，你的过去并非你本人，而你也无须为此自责。这一新的视角可以带来谅解和自我同情，并让你能够放弃与之对抗，从而让当下的你尽可能摆脱过去的伤害所带来的影响。

无条件的爱

感觉到与对方息息相关，想要关心和照顾对方却不希冀任何回报，这就是无条件的爱的一个特点。它在很多文学作品和心理学著作中备受推崇，更遑论不计其数的流行歌曲对它极尽溢美之词——这种爱没有穷尽、不可估量，是慷慨给予的。无条件的爱和认可对方的内在之美，且与其所思所想及其行为模式无关。因而，即便心爱的人犯错时，这种爱依然存在；因为在对方看来，那真实明亮的性情并未因该行为而有所黯淡。换言之，有问题的只不过是心爱之人的行为，而非其本人。有了这种无条件的爱在心中，爱人无须费力去争取被爱，它是被慷慨给予的。

就儿童而言，这并不意味着他们可以被允许肆意行事，而是照料者需要根据儿童所处的年龄阶段，对其进行慈爱和合适的管教、指引、规范和引导。如果儿童能够从照料者那里获得无条件的爱，他们就会有安全感，对自己的内在美感到确信。他们与照料者之间建立起强有力的纽带连接，同时与之相伴而来的还有其他诸多益处与福祉。在内心深处清楚知晓自己是被人爱着的，并且知道自己配得上这份爱，这有助于帮助他们相信自身的美好，并且使得这份自信能够被投射到外界事物上去。他们可以袒示爱的真实性情，全然享受生命、体验爱情，并且爱人。这种真实的连接感通常被视为心理健康最为核心的内容。

感受不到爱和不讨人喜爱

渴望完整的爱以及被人接纳是先天根植于我们所有人内心之中的。然而，因为所有人或多或少地经历过童年创伤，所以始终如一地给予或者接受无条件的爱不太可能。至少，所有的儿童都偶尔经历过：他们在照料者对自己持续的、慈爱的接纳中并不能完全发现自身的内在之美。这样一来，我们都或多或少地切断了与自己与生俱来的内在价值的连接。

另外一个来自童年的动力也促成了无价值感（unworthiness）的生成。在儿童时期，因为父母年长于我们，比我们懂得多得多，我们因此认定父母英明睿智、无所不能。这种感觉让我们觉得安全，并且因为我们仰仗照料者才得以生存，因此这一信念一旦生成，就不容易撼动。这样一来，哪怕父母或者照料者言行暴虐、毫无爱心、举止拒斥，我们也还是对他们坚信不疑，并且转而认定自己存在与生俱来的缺陷。

因此，为了防止再次受到伤害，我们断开了情绪与身体之间的连接，而我们正是通过身体才能切实感受到爱的感觉，比如温暖、宽广、舒适或者刺激等。久而久之，这种麻木就成了习惯。此外，因为我们对于爱的原初体验是来自他人，这使得我们相信爱是来源于外界，从而不断希望在他人身上找寻爱的证据，这样就进一步切断了我们自身所特有的爱的本质。因此，我们强迫自己奋力去争取爱，唯恐求而不得，担心因此而遭人遗弃。

另外，鉴于照料者的支持对于我们的存在本身至关重要，我们对于无条件的爱的渴求非常之深，我们试图找出一个与之匹配的、获取对方青睐的方法，因而产生了某些讨好型人格的思维模式和情绪。试图博得完美之爱的做法让我们承受了更多的疼痛苦楚，而与此同时其实是与之渐行渐远、南辕北辙。雪上加霜的是，究其本质，这种寻求赞许的行为绝对无法促成无条件的爱；毕竟，这种行为意味着努力去求取爱。

你或许会认为无条件的爱是一个问题。但是这个问题不是在于渴求爱本身，而是在于我们对这种渴求如何应对，在于我们相信：如果我们在自身足够努力变得值得人爱以后，这种爱就可以获致。另一个问题在于，要想持续得到无条件的爱几乎不可能。所以尽管想获致这种无条件的爱在本质上来说无可厚非，但是这种渴求经常被作为一种标准，到头来我们会觉得从他人身上获得的现有之爱无法使自己得到满足。就在我们试图满足这种无法抑制的渴求却徒劳无功时，我们最终经常会默认一种观点，即我们一无是处，不值得人爱。

这种童年创伤会引发讨好他人的行为习惯和关系，而这其中充斥着诸多问题也就不足为奇了。幸运的是有一个解决之道：如果我们能坦然面对与生俱来的内在之美，以及我们自身对于爱的深切渴望，我们就能修复受伤的心灵，意识到我们所需之爱其实已然存在于自身。通过正念练习就可以得到这种认知。通过深入开放自己，我们可以给出爱，有时甚至是无条件的爱；能够接纳我们所得到的爱，并在其中找到快乐，不管这种爱是否有条件。因为我们的心灵变得更加坚韧，不再哀怜自伤，所以我们不再像从前那样依赖他人，无须在他人身上找寻证据来证明自身的价值。

玛德琳（Madeline）的故事

玛德琳是一位 50 岁的内科医师，她的治疗师推荐她来找我进行正念治疗。她对人生感到绝望，忧愁沮丧，觉得不被人爱，也不招人爱。尽管玛德琳在学术上和事业上都成绩斐然，但是自她记事以来，这么多年里她都觉得自己非常不对劲。

在玛德琳小的时候，她就身处受虐待和被漠视的成长环境中，并且更为悲惨的是，她母亲自杀身亡了。她被告知母亲压根不想要她，这让她有沉重的负疚感，觉得自己不值得被爱，并且对母亲的亡故难辞其咎。这种感觉深深埋在她心中，随之而来的是她将自己与爱绝缘，尽管她心中对爱极其渴望。在她母亲去世之后，只要她流露出悲伤之色就会遭到惩罚。她觉得自己好似别无选择，唯有做那些认为能够提升安全感的事情，期冀着哪怕能增加一点点被爱与被接纳的希望也好。玛德琳整天忙于日常家务，照料弟妹，无暇顾及自身情绪以及对友谊和玩耍的需求。她最终发现自己在老师那里获得了接纳和认可。这使她燃起了希望，相信她一旦依靠自己，并且获得良好的教育之后，情形就能好转。

在青年时期，她试图通过在学习和工作上出类拔萃的表现获得他人的认可和接纳，但是她觉得人们只是认可她的成绩，从未有人接受过她本真的样子，她似乎总是无法证明自身的价值所在。因为她的这种信念：觉得自己一无是处、不招人喜欢，所以她的婚姻很将就，甚至不时充满了暴力和凌辱，孩子成为她唯一的快乐之源。

通过正念和慈爱冥想练习，连同心理疗法，玛德琳逐渐摆脱了童年创伤的梦魇。在一次冥想静修会上（meditation retreat），她沉默凝坐良久，静静地体会长久以来她是怎样苦寻一份无条件的爱而不得，而这种爱本应是她从母亲那里获得的；她又是怎样评判自己得到的所有的爱，认为那不足以满足自己。在静修中，她体会到了一种改变命运的心灵启示，即她自身是有爱的，而这份爱无须依附于任何人，可以单独存在。通过冥想静修，她回溯了自己的心路历程，有意识地培养了自己爱的能力，这种能力只不过是被童年创伤所荫蔽，但是却从未消失。

我们是怎样感受到不被人爱的

只要置身于虐待和漠视的环境中，任何年龄的人都会感受到不被人爱或自己不招人爱，这一点不难理解；但是在和睦稳固的家庭中成长起来的孩子身上，竟然也会出现讨好型人格，这一点就有点匪夷所思了。那些容易生成讨好型人格的环境包括：获得的都是有条件之爱，本真的样子不被认可，在决策中没有发言权等。这些都会影响我们，更别提受到虐待和漠视了。讨好型人格程度严重与否在于其所处环境的酷烈程度，这决定了感受到不被人爱与不招人爱的程度。

‖ 有条件之爱

感觉不被人爱的一个不容易察觉但是却很普遍的原因在于，照料者所给予的爱不够丰沛，且是基于孩子是否符合自己的期望值，一旦孩子无法满足这一标准，照料者就会将爱收回。自然，家长都希望自己的孩子在学校和生活中表现出色。然而一旦孩子有负所望，家长流露出收回爱的征兆时，孩子就会觉得自己本真的样子并不为人所接纳。如果孩子犯错之后受到的是轻蔑和指责，他们就会觉得自己不够好。

在很多情形下，爱都是有条件的，父母收回爱的形式多种多样。一些家长会用尖酸刻薄的言辞百般羞辱自己的孩子，哪怕对一些小的行为差错也不依不饶，对其施以严厉，有时甚至可称虐待的处罚；在孩子不听从命令的时候，有的家长只是不再表达爱意，有的家长甚至会悄然将自己与孩子隔离开来。

‖ 真正的你不被接纳

有时候父母将子女视为自己生命的延续，试图按照自己的想法打造他们，把自己的意愿凌驾于子女的意志之上。他们没有给予孩子应有的尊重，没有尊重孩子自身的天性，也罔顾自己的愿望是否与孩子相契合。在《每日英文小故事》（*Everyday Blessings*）中的"正念养育"（mindful parenting）部分，米拉和乔恩·卡巴金将个人独特的天性、人格和人生目标恰如其分地称为"主权"。一旦儿童的"主权"被忽视和不受重视，他 / 她就会得出一个结论：他 / 她本人是无足轻重的。

布丽吉特（Brigid）是跟随我学习正念的一个学生，她是一名 30 岁的研究生。她说自己小时候是一个性格内向的孩子，而她的母亲则是一个性格强势外向的商人。布丽吉特的母亲经常斥责她性格不够外向，对她喜欢的那些文静的活动嗤之以鼻；她经常会告诫布丽吉特要"有毅力"。最终导致布丽吉特产生了一种念头，即自己本来的样子不够好，她天性中有部分东西是错的。这样一来，她的天性并没有得到自由发展，她拼尽全力长成她母亲所期望的样子，但这一过程充满了焦虑和沮丧。在敞开心扉直面自己以后，她选择成为一名瑜伽教练和心理治疗师。她在这一工作中得心应手，在前进的道路上对自己有了更为清醒的认知，能够掌控自己的生活轨迹。在她确立了自己的身份，变得更加自信以后，她还找到了与母亲和谐相处的方式。

‖ 没有发言权

有时候，讨好型人格的养成来自于儿童时期无意识的假设，即因为照料者、老师，或者其他关键的大人总是替他/她做出决定，使得他/她不知道什么样的选择对自己来说才是最好的。如果儿童不被鼓励去学着自行探索世界，抑或他们的思想、观念和意愿不被重视，他们就无法学到如何在世上自处，并会转而外求，依赖他人指导自己如何行事。此外，他们可能还会产生一种念头，即自己是无足轻重的。长此以往，他们的内在智慧和独特天性就会被湮没，丧失了与自己内在的连接感。

‖ 虐待和漠视

对那些生活在漠视或虐待之中的孩子来说，这个世界极其恐怖，他们会面临很多成长困境，产生众多情绪困扰。漠视或虐待所带来的影响的大小，取决于该情形的严重程度与持续时间，以及儿童的个体差异。在极端的漠视或虐待环境之下成长的儿童，会变得与世隔绝，几乎不与任何人产生联系。稍好一些的情形下的儿童，则会长期、持续地讨好别人，企图以此获得被爱和认可。讨好型行为模式在受漠视或者虐待的人身上更为常见，这是因为受到虐待的儿童愿意做任何事情以博得施虐者的欢心，避免遭受进一步虐待。

反思：探究你的童年创伤

正如在第一章中所描述的那样，通过正念呼吸，慢慢地将身心安顿下来，安静几分钟的时间。然后回顾一下如上所罗列的童年创伤的种类，辨明哪些与自己的情形相符。在你反思如下这些问题的时候，记得注意你自己或者照料者对你所做的评判，并尽力摒弃它们。

- 你的照料者所给予你的爱是有条件的吗？若真如此，情形如何？

- 你遭受过虐待或者漠视吗？这是否导致了你感到不被爱或者自己不招人爱？

- 你的父母是否有时会收回他们对你的爱与接纳？如果这样的话，他们会在何时、何种情形下这么做？

- 你能否参与决策对你来说很重要的事情吗？

- 你想到这些的时候，感觉如何？
- 在笔记本上记下童年中反映如上情形的种种事件。
- 这些事件是如何影响你目前的生活的？

这种探索的过程可能会很痛苦，所以在你做上述探索时，请对自己温柔以待。

小结

在我们的孩童时代，我们能得到的最大的礼物就是自己本真的样子被人爱着。这是心理健康最重要的基石，也是我们所有人所渴望获致的。这种爱一旦缺失，我们的心灵就会千疮百孔，也无法意识到我们的真实本性就是爱。我们会本能地通过封闭自己所有的感情、身体和内在智慧，从而保护自己不会再次受伤。我们发展出一种长期的分离感，逐渐认为自己的某部分天性存在问题；这样的认知就会导致给予和接受爱成为一件极其困难的事。

因此，我们就会对爱产生一种无法抑制的渴求，并且深恐无法获致——这是推动产生讨好型行为模式的两股强势力量。生命成为一段孜孜不倦地寻求爱与认可的证据的旅程，以期证实自己足以配得上别人的爱与认可。然而，因为讨好型人格的行为模式是基于这样一种信念，即我们必须要做些什么才能得到别人的爱，实际上我们本真的样子是不被接纳和认可的。

好在，不管我们早先是否接受过足够的无条件的爱，正念和慈爱练习可以帮助我们了解和感受到我们与生俱来的美好。

第三章

THREE / 讨好型人格的内在心理
和外在表现

我为了赢得爱愿意做任何事、我必须是
完美的、我无法对人说"不"……虽然这些
心理或行为的初衷是为了获得爱与接纳，但
它其实会使伤口进一步恶化，导致无价值感
和不值得被爱的感觉加剧。

在第二章中所描述的讨好型人格的矛盾特性是最重要的核心问题，所以必须要再强调一遍：情不自禁地试图去赢得爱和接纳无济于事，实际上还会让我们感觉到更多的不满和空虚。在你阅读本章时，一定要记住无条件的爱很难给予和接受，这种试图讨好他人的行为永远无法获得无条件的爱，反而正是因为这种努力，意味着它不是无条件的。因此，不管你如何使出浑身解数来讨好别人，所有试图获得爱和认可的努力都无法赢得无条件的爱这一几乎很难得到的珍宝。尽管这种策略并不奏效，但是其背后隐藏的动力（渴望被人无条件地爱着）是可以理解的，并且自觉不被人爱的感觉是值得深切同情的。

本章调查了讨好型人格的思想、情绪和行为，你如果能识别出那些与你相关之处，将会帮你踏上一个新的征程：开启你通向自由的旅程。在你阅读这篇文章的时候，我邀请你去练习正念。频频地停下来，深吸一口气，注意一下你的想法和感受。在后面的章节中，我将提供各种各样的正念实践和练习，它们可以帮助你摆脱讨好型行为模式，直面身体内与生俱来的爱，这样你就可以给予你自己和他人更容易接受的爱，甚至可能是无条件的爱。

讨好型人格的想法

让我们从讨好型人格中最常见的一些想法开始吧。在你阅读下面几节内容的时候，要记住讨好型人格的矛盾本质。注意你经常会有下面哪种想法，你对自己产生这些想法有何感觉。要知道，我们的许多思想和信念都独立于意识之外而存在，这使得它们更有力量，认识到这一点很重要。之后在第六章中，你将学到如何练习正念的想法，这将在如何做出回应方面赋予你更多选择。

"我为了赢得爱，愿意做任何事"

为了得到你如此渴望获致的爱，你可能会认为不管付出什么代价，都要满足别人。在习惯性讨好型人格那里，这是他们最主要的思想特质。你可能会错误地认为，如果别人欣赏你，你最终就能获得你一直想要的无条件的爱。你也担心，如果你不满足别人的需要，你几乎不可能获得无条件的爱，你就可能被人抛弃。只是让人感到诧异的是，讨好型人格为了赢得爱会无所不用其极。

"别人想从我这里得到什么"

另一个常见的讨好型思维的特点是，在意别人对你的看法和期望，以及为了满足这些而感到不可遏制的焦虑和担心。你可能会过于关注别人的欲望和观点，将关注点放在自身之外。这一做法背后的信念是，如果你能知道别人想要什么并予以满足，他们肯定就会给予你想要的无条件的爱和安全感。或者换一个角度来看，讨好型人格的目的之一就在于避免令他人感到不悦，并避免和其他人发生任何冲突，以免别人收回对自己的爱。很多时候，你甚至可能并没有真正了解别人想从你这里得到什么。你只是想当然地以为他们想要什么，然后就全力以赴。

在我青年时期，我经历过一个漫长而又痛苦、压力重重的艰难时期，拼命学习，参加考试，就是为了成为一名注册会计师。而我之所以如此，是因为这是我那作为注册会计师的父亲和前夫所希望的。此外，我们在每天的日常生活中还可以列举出更多普通的、较为温和的事例，来说明我们是如何为得到别人的认可而焦虑。比如："我不知道别人会穿什么参加晚会。"或者："天啊，她又在看我！""我不知道她想要什么。""他为什么会皱眉？""我什么地方做得不对吗？"这些令人忧虑的想法的本质，或许是试图弄清楚别人对我们的期望以便满足他们，从而获得对方的爱或喜欢。这些想法也意味着提前预见到别人的需求和期望，以使我们自己摆脱困境。例如，我们可能认为了解如何着装可以帮助我们获得或保持别人的认可，从而保证爱和安全。

"这取决于我"

有一些隐性假设可以影响你的焦虑，比如你会担心别人怎么想、你应该做些什么来满足他们的需求。这一假设的一层含义即设定人们实际上需要被关照，这导致你会为如何帮助他们而忧心忡忡；而假设的另一层主要含义在于你相信自己是那个应该担负起照顾职责的人。所有这些想法会将你的焦虑提升到一个新的高度，并会给讨好型人格模式火上浇油，使其愈演愈烈。

"我不值得人爱"

一些人通常会认为：自己可能天生就有问题，所以根本就不值得人爱，因此就必须不断地尝试去赢得爱。有了这些先入为主的错误观念，你自然而然就会压抑自己的合理需求，转而关注他人的欲望。此外，无价值感会使你更努力工作，通过讨好他人来证明自身的价值，这样一来也有助于分散对那些痛苦的感觉的注意力。

"我将会被人审视和排斥"

心理治疗师莱斯·卡特（Les Carter）在他的书《不想再讨好

这世界》（*When Pleasing You Is Killing Me*）中，总结了寻求认可这一行为模式背后的一个关键思想："人们认为如果他们不按照别人所期望的那样行事的话，就注定会被给予一个糟糕的评价。"你可能认为批评是被排斥的先兆，因此对其严阵以待，就有可能机智地避免。你可能会试图通过某种方式讨好他人以让对方对你无可挑剔，这种方式可能表现在对人过分地热情周到等。

此外，你可能会情不自禁地审视周围环境，寻找有人需要你或者被你弄得心烦意乱的蛛丝马迹，并且对这些潜在信号异常敏感。你会把节奏和某人的脚步声作为判断一个人是否生气的迹象，你还可能会认为某种特殊的腔调就意味着说话者不高兴了，你要对此种情绪负责，并调动他的情绪。这种高度警惕的目的在于，要么通过回避的方式，要么成为一个关照他人的人，来防止困境进一步加剧，来帮助你避免与他人发生冲突或者受到来自他人的轻蔑。这些假设不一定是真的，但是一直保持高度警觉特别耗人心神，特别是经常陷于不必要的、令人焦虑的照顾行为中时。

"我必须是完美的"

在努力赢得爱并避免被排斥的行为模式中，还有一种常见的思维，那就是试图追求完美，尽力预见和纠正任何个人的缺点。

因为世上没有人是完美的，这种追求完美的倾向就变成了一场痛苦卓绝的斗争，充满了痛苦的自我评价和自我批评，无始无终，没有尽头。因为其中一些追求完美的努力会导致积极的结果，完美主义可能会带来一个有关我们自身的理想化的形象，这会掩饰无价值感和羞耻感。因为我们无法达到这么高的标准，因此会产生一种看似矛盾的失败感，最终使人筋疲力尽。

考虑到避免遭受这一自然求生本能，以及常常会内化照料者的批评这一趋势，这种完美主义和自我批判是有意义的。然而，如果你不允许自己将本真的样子示人，你就永远不能作为本真的自我而被人接受。结果就是陷入一个循环，即反复试图被他人接纳，却总是无法取得成功。

‖ 克里斯的故事

克里斯（Chris）也是跟随我练习正念的学生，是一名40岁的簿记员。她说在一个星期六的早晨，在她的花园里，她意识到自己正在遭受一种游离性焦虑（free-floating anxiety）。那是一个美好的春天的早晨，花朵竞相开放。她正在花园锄草，突然感觉到体内一阵紧张。她停止劳作，观察自己下巴、脖子和肩膀上的紧张感。她还注意到自己的注意力在6米以外的丈夫查尔斯（Charles）身上，她想对方一定在想：我没把草根清除干净。我敢肯定他注意到了。他觉得我应该干点其他的事情。然后她又开始疑惑：今天如此美好，我怎么能如此焦虑？

这是她的一个顿悟，她意识到这种体验是她生活的一种象征：永远担心别人在想什么；总是认为自己有哪里做得不对；总是进行自我审视。这让她很忧伤，她也认为自己的担心可能是毫无根据的。她把注意力重新转回到锄草上，但是新一轮的担心又接踵而至。每一次这种念头袭来，她都用心地进行观照，吸口气，对自己笑笑，将注意力重新转回手中的活计和明媚的天气。这让她觉得平静多了，使她能够沉浸在当下的美好之中。

后来，得益于几个月的正念练习，克里斯能够看到，她多年来始终如一的自我监控使她更加精益求精、追求完美。其实正是这种对完美的追求，再加上她的自我挑剔，切断了她与他人的连接，无法获得她所渴求的爱。

克里斯还意识到一点：她的困扰还在于，她不知道自己想要什么。因为她从来都习惯于寻求别人的意见来决定自己应该做什么和怎么做，通常在需要决定做什么和怎么做的时候，她会把自己的需求排除在外。一想到要把关注点放在她丈夫以外的地方，她就感到无所适从；并且因为他们没有孩子，这种感觉还会加剧。她从未意识到，她的愿望可能和她丈夫的愿望一样重要。

随着时间的推移和练习的深入，正念使得克里斯可以停驻在当下，在考量重要事宜的时候，能把她自己的需要考虑在内。起初她有时会忘了考虑自己，在她记起来的时候，她又有点犹豫不决。但她渐渐地摆脱了这种自然而然的假设，不再认为只有她的丈夫才是重要的。这样一来他们的关系变得更加平衡，两人也从这段亲密关系中获得更多滋养。

"由你来决定"

在寻求认同的慢性行为模式中，如果有人直接问你想要什么，你可能会告诉他你认为其他人需要什么，或者把这个问题推回提问的人。即使你明确知道自己想要什么，你也很可能不会表达自己的愿望，因为害怕会伤害到别人的感情或者冒犯他们。在讨好型行为模式的思维定式中，果断就等同于自私。你可能很难决定去哪儿吃饭，更遑论将任何选择大声宣之于口。

"我怎么能比得上……"

过分关注别人的另一个负面影响就是会将自己和别人频繁进行有失公允的比较。这些想法通常会导致你认定自己不如他人，别人总是比你强。此外，你还可能开始将他人理想化，进一步削弱你的自尊和自信，这样的想法在人际关系中很难实现平等。在本质上，不断地把自己和别人作比较是阻挡爱真正的自己的另一重障碍，使得感觉不到爱、自觉不可爱的心灵创伤更加难以愈合。

"我排在最后"

如果你在内心深处认定自己是一个不可爱、不值得人爱的人，并且几乎总是将注意力放在外部，这就加强了你认为自己总是应该排在最后、照顾自己是自私的信念。在人们刚开始练习正念的时候，最初通常很难将关注点从他人身上转移回来进行冥想。

罗西（Rosie）是我的一个学生，她有一桩幸福的婚姻，是两个孩子的母亲。她坦承自己并没有练习，因为她全身心都扑在自己的家庭事务中，她甚至很少会想到要去练习。在她终于开始练习正念时，她为自己浪费了时间而感到内疚，尽管在练习的时候，她确实感到心里更踏实、更快乐。我和她一起做了探讨，帮她重新梳理了想法，她认识到其实她的家人也可以从正念练习中受益。举例来说吧，如果她觉得自己更为清醒、更为踏实，她就可以更和颜悦色地同孩子们讲话，同他们——以及她丈夫——有更令人满意的互动，反之亦然。鉴于此，她开始经常进行冥想练习。随着罗西继续练习，她探究了最初使得她不愿意为自己付出时间或照顾自己的这些想法和感受。

反思：关注你的讨好性思想

在几分钟内慢慢地安顿下来，做一下正念呼吸。然后反思一下上面所提到的、通常与讨好行为有关的想法。你认同哪些？哪些又是你所不熟悉的？花点时间把这个写在你的日志中，确保在你探索这些想法的时候，对自己怀着一种开放的、富有同情心的和毫无偏见的关注。最后，做一个适合自己的关于讨好想法的列表。这个列表一定要做，在以后的章节中你会经常用到它。

讨好型人格的感受

想要体验各种各样的情绪，这种想法是自然和健康的，这些情绪体验包括快乐、悲伤、惊讶、愤怒、喜悦、失望和恐惧等，不一而足。情绪是生活中的一个重要组成部分，是对那些重要的事情做出的反馈。如果你没有体验过恐惧，如你把手放在一条狗的鼻子下面让它闻，而它却冲你咆哮时，你就不会害怕地跳开；如果你不曾深切体会过至亲离世的悲恸，你就不会明白他对你来说有多重要；如果你不曾经历过新生命诞生的喜悦，你就不会明白家庭对你来说有多么重要。尽管各种情绪都很重要，但是我们还是总试图摆脱那些艰难的情绪，而希望那些愉悦的感觉停留得再久一些。这种挣扎使得我们与情绪相处会非常具有挑战性，而在许多方面，讨好型行为模式则使得这种挣扎更为艰难。下面几个部分列举了一些与此行为模式有关的情绪反应，其中一些可能被你的意识给屏蔽掉了。在第八章中，我将提供一些可以帮助你结束这种情绪挣扎的正念实践，且可以与它们友好相处，用仁慈和怜悯观照它们。

焦虑和脆弱性

在讨好型行为模式中，一个最主要的信念在于他们认为如果不满足他人的需求，事情就会变得糟糕。因此你可能会充满焦虑，容易受伤：这是可以理解的，因为极度渴望被爱而导致受伤，再加上害怕所求无门，连同如影随形的无价值感和不值得被爱的感觉，这些一起构成了无处不在的焦虑的各种要素。还有，渴望被人无条件接受和害怕被完全作为本真的样子对待，两者是相互对立的，这就创造出一种引起焦虑的内部冲突。因为人对待痛苦体验的第一反应是避之唯恐不及，所以对其中的大部分想法和情绪都难以识别，而这刚好可以让你有个思想准备，帮助你捕捉到焦虑。让你离这些信息愈行愈远的方式之一就是继续关注他人，关注他们可能存在的想法或者需求。

在感到焦虑时，我们并没有生活在当下。在我们觉得情绪脆弱时，我们的焦点集中缩小到感知到的危险之上，此时我们感觉不得不去战斗、逃跑或呆住不动。另外，当我们意识到焦虑的想法和情绪时，我们常常对自己做出负面的批评，而这强化了我们的反应。这就是为什么摆脱焦虑和脆弱的控制会如此困难。看重未来、重点关注和负面的苛责让我们陷入被动的模式之中，尤其是缺乏意识。我们可能会感觉自己注定重复旧的反应模式，比如从来不会自我表达。正念可以提供此类帮助，类似的培训可以使得我们安住在当下，而这正是与焦虑截然相反的。

南希（Nancy）是一位孀居两年的 70 岁的妇人，她还有几个孙辈。她的例子很好地说明了正念是怎么帮助我们应对焦虑的。在她第一次来见我时，她告诉我她患有慢性焦虑症，并说自己找不到任何原因。有一次，在我引导她开始练习正念呼吸后不久，她突然睁开双眼，称"我做不了，我很担心你是如何看我的。我觉得我无法按照你要求的方式去做"。我心中对她充满了悲悯，尤其是我自己也能够感同身受。在我们讨论刚才发生的事情时，这使她唤起了曾经的感觉：她觉得在为别人做事情时，经常会觉得自己像被冻住了一样。她说在人们对她有所期望的时候，她会出现各式各样的错误和失误。过了一会儿，我又鼓励她再尝试一次。我建议她承认焦虑的想法和感受，而不是置之不理，只是将她的注意力转移到呼吸上去。仅仅就在第一次会面之中，这些练习也使南希感到更脚踏实地，可以对自己多些耐心。

无价值感和羞耻感

认为自己本真的样子不被人所接受,和你的内在之善丧失了连接感,会使人产生羞耻感和无价值感。随着时间的推移,这些感觉成了一个过滤器,你通过它观照自己的方方面面:每一个行为、想法和冲动。当然,这种消极的发展只能使你对待自己更为苛责,进一步更加迫切地去寻求外界的肯定和认可。

在这种模式之下,人们常常会发现他们对关注和肯定的渴望有失体面、令人羞耻。我自己家里也有一个这样令人心酸的例子。我的母亲梅赛德斯(Mercedes)出生于一个农场主家庭,她是这个大家庭里最小的女儿。在她成长的年代,美国正处于大萧条时期,她觉得自己不被人爱、不被欣赏、容易被人忽视,所以她总是竭尽全力地来满足别人对她的期待,做那些别人想要她做的事。作为家中最小的孩子,她每天要做的杂事之一就是在晚上把夜壶拿到楼上去。放好之后,她的父母就会亲她一下,道一声:"晚安,小夜壶女孩。"她觉得这是一个卑微的任务,从来没有忘记这种羞辱感。

在我母亲80多岁的时候,她做了髋关节置换手术。帮她穿好衣服之后,因为她身体不能前倾,所以我给她的脚上和腿上都轻轻涂抹了乳液。她闭上眼睛陶醉其中,告诉我感觉好极了。我回答说,她手术之后理应稍稍享受一下"温柔的体贴"。我能感觉到她变得浑身紧张起来，厉声道"没人值得被这样对待"。似乎是身处愉悦之中的感觉激起了她的羞耻感和无价值感，这种感觉让她觉得很尴尬。

在每时每刻都想着去讨好别人时，无价值感和羞耻感会伴随左右、纷至沓来。即使你理智上清楚这个目标是不可能完成的，因为内在的动机很强，所以并不能一味沉浸在情感之中。相反，你可能会继续期待自己去实现这个不切实际、无法实现的目标，从而带来更多的羞耻、内疚和无价值感，因为你无法满足自己的预期。

愤怒和怨恨

不断试图照顾别人会带来愤怒和怨恨，如果对其听之任之，这些情绪会继续发酵，从而更加难以应付。一位名叫玛丽（Mary）的客户就有类似的情形。作为一名长期习惯于照料别人的人，她有一份全职工作，还上着夜校，迎合她丈夫的每一个愿望，自己竭尽全力地独自打理家务，照管家庭。日子一天天过去，由于要不停地满足丈夫和老板的愿望，同时还担负着种种其他职责，这种压力开始严重影响她的身体。

当我们开始一起工作时，玛丽告诉我她想要她丈夫比尔（Bill）在家务活上帮她一把，但是却从未向他提出来过，也几乎从未对此表示过任何不满。与此同时，她感到越来越疲惫，为一切要完成的事情感到崩溃。我注意到她说话的时候脸红了，身体变得僵硬和紧张。她也谈到了在工作中，她不得不大包大揽，因为其他人做事都敷衍潦草；她还承认有时她会感到难以忍受的激动和愤怒，但不知道为什么。她回到自己的小房间之后，就扯掉了身上的衬衫，把纽扣全扯掉了。那是她很喜欢的一件全新的衬衫，价格不菲，她觉得自己需要寻求帮助。让她最感到难过的是，她并不完全了解自己愤怒的程度或原因。她认为自己是易怒，而不是生气。

在她开始通过正念探索生命以后，她直面自己对丈夫压榨自己精力的愤怒。她开始自问为何她直到那天在房间里爆发之前都在拼命压抑自己的情绪？渐渐地，她能以同情的眼光看待自己的过往体验，可以与一直以来她为之挣扎的情绪和平相处。最终，她无论是在家里还是在工作中都可以说出自己的需求；在做事的时候，既从容自信又不乏慈心善念。这样一来，她对他人的愤怒也在逐渐减少。

就像玛丽一样，除了对他人心怀愤怒，你可能也会对自己产生愤恨。这可能是由于对太多的人点头称是，强行扭曲自己去适应别人，或者是需要把自己的智慧、观点和合理的需求弃置不顾。这倒也情有可原，因为你可能对没有捍卫自己的想法、感情和需要而感到愤怒。

然而，和玛丽的情况一样的是，你可能会抑制你的愤怒（和其他情绪），因为你认为为了讨好他人，你必须时时刻刻都和蔼可亲、待人友善。但是，情感会找到一个出口。被强行抑制的愤怒仍然存在，它会以各种形式体现出来：身体上的病痛或是精神抑郁，抑或是严厉的自我批评或对他人的被动攻击（passive-aggressive）行为等。即使你公开表达了自己的愤怒，但其实你这样并没从本质上处理问题，也无法解决它。这种情形还包括路怒症、冲着孩子大喊大叫或者在杂货店排队等候付款时感觉不耐烦等。

抑郁症

童年创伤和压制情绪——尤其是悲伤——导致的另一个可怕的后果就是抑郁。诚然，悲伤是生命中再自然不过的一部分，任何或大或小的损失都能让人感到悲伤。抑郁更是具有普遍性，它是一种慢性的侵蚀，包括生无可恋、陷入僵局和充满不快乐的感觉。抑郁可以有各种来源，包括丧失、悲伤、虐待、疾病、基因和重大生活变故等，尤其是那些让人倍感压力的情况。抑郁症的症状包括睡眠习惯改变、浑身无力、对生活中的事情提不起兴趣、注意力无法集中、暴瘦或者骤然发胖，甚至还会有自杀的念头。

有人说悲伤和抑郁的区别在于，悲伤尽管心有戚戚但却生有可恋，而抑郁则感觉生活黯淡无光，了无生趣。

抑郁症的典型特征之一就是感觉生命枯燥无味，生活中一片黑暗，而原因之一在于，试图躲避痛苦的情绪通常会导致愉快的情绪被抑制。这里有一个例子：就像大多数人一样，你也渴望被爱。然而，鉴于你为讨好型行为模式所困扰，你害怕没人爱，或许害怕被人抛弃，这使你在任何关系中都提心吊胆。在这种情况下，你或许会尽量避免和别人太过亲密以免最后会疏远，但是这样一来就会与爱的喜悦失之交臂。如果你对痛苦的情绪避之唯恐不及，你也就不太可能充分地享受愉悦的体验。

所以可以很自然地得出这样一个结论：长期寻求外在认可会导致抑郁，因为它们有几个方面的共同点——它们都可以追溯到失去或虐待；都可以追溯到试图消除痛苦的情绪；都会在消极的想法、沉溺往事、持续担心和自我批评中不断得到深化。

讨好型人格行为模式还包括许多方面：延揽所有的错误，认为自己总是排在最后，对自己的内在智慧和合理需求视而不见等，所有这一切都会导致个人产生无价值感，心中一片麻木、枯井无波。然后，如果你想走出抑郁情绪或摆脱讨好型行为模式，你可能还会审视其他困难和痛苦的情况，会发现自己陷入更严重的消极情绪中：这种感觉令人绝望。如果你也有类似情况的话，那就振作起来吧，要知道正念可以帮你从消极情绪中解脱出来，而这种消极情绪正是滋长抑郁和讨好型人格行为模式的元凶。它也会帮助你与你试图长期压制的情绪和平共处。

混乱的思绪

在玛丽的故事里提到过，她有时会感到莫名的愤怒。这就是心理学家苏珊·奥尔西洛 (Susan Orsillo) 和丽莎白·罗默 (Lizabeth Roemer) 在 2011 年所描述的一种情形，她们将之称为混乱的思绪 (muddied emotions) ，意为既不清楚也不被人所理解，这种情绪令人迷惘、不知所措。我们无法确切地说出自己到底是一种什么感觉，只是感到不安或紧张。此外，这种情绪可能会让人感到似曾相识，同当下的情形不相符，意味着这种情绪与过去的事件有关。此外，我们深深地陷入沮丧之中，余下的时间都显得暗无天日。另外，我们可能还会因为自己深感沮丧而自责，内心充满挣扎。这听起来是不是很熟悉？

根据奥尔西洛和罗默的观点，有几种原因会让情绪变得混乱不堪，而这些都是长期寻求认可的几个方面。在我们不能妥善照顾好自己的时候，思绪就会变得混沌。玛丽肯定既没有时间也没有意愿照顾自己，这或许可以部分解释她对自己真实感觉的困惑的原因。

至于情绪混乱的另一个原因，奥尔西洛和罗默将其称为"过剩反应"（leftover），指无法恰当地处理过去的事件和相关的情绪所产生的后果。这种情况在玛丽身上也有所体现，她从不在任何人身上发泄她的愤怒，尤其是她的丈夫，所以她只能用自己的衬衫泄愤。

此外，很久以前悬而未决的痛苦体验，比如虐待或严厉的批评，也会使情绪混乱不堪。在那些无意之中被触动的时刻，提醒我们忆起痛苦的往事，那些尘封的情感就会涌上心间。这些感觉极其强大，因为它们经常游离于我们的意识之外，导致我们倾向于做出过多的反应行为，从而制造出更多的困难，使得讨好循环得以继续。

反思：探究讨好行为背后的想法

用几分钟的时间做一下正念呼吸，静静地安顿下来。然后思考一下上面所提到的与讨好行为有关的情绪。你认同其中的哪种感觉，又对哪种感觉倍感陌生？花些时间将这些记录下来，在你探索这些情绪的时候，确保自己是毫无偏见、富有同情心、对自己不做任何判断的。最后，列出那些你经常会注意到的感觉。

讨好型人格的行为习惯

因为我们在生活中倾向于关注过去和未来，因此我们的许多行为都是对自身思想、情绪和身体感觉的无意识的、自动的反应。此外，许多讨好行为或多或少地充斥着焦虑，因为长期寻求认可的行为背后的信念是建立在恐惧和对被爱的深切渴望之上的。虽然个体的讨好行为本身并不重要，也不会引起特别关注，但是当它们成为一个模式时却可以给自己带来巨大的痛苦。

与思想和感情一样，从起反作用的行为中获取自由，要求你必须有意识地对其进行关注。同样重要的还有，要同那些对你来说真正重要的事物建立起连接，这样你就可以更为熟练地选择自己的行为模式。文中下面的部分列举了讨好型行为模式的一些典型行为。在第十章和第十一章中，我会提供正念练习，帮你更明确地、更富有同情心地、带着更少的反应性去选择自己的行为。

做别人想让你做的事

所有与讨好型行为模式有关的观点和感受，全都集中体现在林林总总地试图满足他人的行为之中，即使这样做代价不菲。为了满足别人的想法，或者你以为那是他们的想法，你可能会去重塑自己。许多惯于向外界寻求认可的人，他们做过许多要么非法，要么违心，或者是与自己的个性不符的事——所有这些都是为了获取别人的爱，赢得他人认可。在你竭尽全力去讨好别人的时候，甚至这个人可能都跟你不是太熟，你可能会越过情绪和体力的极限，做得太多。由于关注点持续放在外界，再加上强迫自己超越极限，所以你的自我关照可能就会受到影响。

克里斯曾告诉我，她只看她的丈夫想看的电影，即使她本人对此提不起兴趣。虽然这种事可能看起来不值一提，但是却很有象征意义。她选择和那些她认为查尔斯可能会喜欢的人交朋友。甚至没有与查尔斯商量，她就放弃了想要一个孩子的愿望——虽然那是她内心所极其渴望的。她还有一份无趣的工作，因为她以为这样符合查尔斯的愿望（但是却从未证实过）。所有这一切让她感到生气，觉得不值得，并阻断了她和丈夫之间的连接。

随着克里斯继续练习正念，她相信自己内心的智慧，感觉可以更为自由地和查尔斯讨论她的欲望。最后，她回到学校，从事了一份感觉更有成就感的职业。她和查尔斯更有意识地为自己的需要负责，然后克里斯发现，较之之前她勉强给予她自认为他想要的那种模式，这种方式给予了查尔斯更多的尊重。

在做出种种行为的时候，正念可以帮我们意识到这些行为背后的动机。例如，克里斯可能注意到，去看查尔斯选择的电影是出于对不合作而产生的后果感到恐惧和焦虑。探索我们的动机和行为，可以帮我们获得做出明智选择的自由。

急于去帮助别人

如果你假设人们需要被照顾，而你是那个需要去照顾别人的人，这会让你迅速采取行动，尤其是如果你对其他人流露出的可能需要帮助的迹象保持高度警觉的话。当这种情况在不知不觉中发生时，你可能在还没看清楚状况时就迫不及待地去帮助别人，而其实别人可能并不希望或不需要帮助。通常大家都想自己打理自己的生活，在这种情况下，外人的"帮助"就会被视为是干预或横加干涉。这些行为给双方都会带来意外和痛苦的后果。比如说，自己主动提供帮助却被拒绝后可能会感到很受伤，而另一个人可能会觉得唐突，感到自己被人冒犯了。

正念练习可以帮助我们辨别什么时候去帮助别人、照顾什么人才是恰当的。因为正念会培养出更多的意识觉知，它给了我们更多的行为选择。例如，你可能会观察到自己有提供帮助的冲动，然后在急于伸出援手之前有意识地选择去询问一下别人是否需要。或者，你可以只是袖手旁观，什么也不必做。但这也并不是说，未加询问的帮助就一定是不合时宜的。在危急情况下，婴儿、儿童和老年人通常需要及时给予关注。

弄得一团糟

从 5 岁到 16 岁，我打高尔夫球主要是为了讨好我父亲。就我的年龄来说，我的体格总是过于柔弱，而且我并不喜欢运动。不过，讨好我的父亲这一未经审视的动机压倒了一切，有时我尽我所能去击球，想把它击得更远一些。但是用这种方法，我要么是击不中，要么就是打在了球的底部，打得球沿着球道前进几码。但是，当我很放松的时候，我就可以把球击得又远又直，而且可以取得我这个年纪能获得的最好的成绩。

许多讨好行为所产生的后果，和击打在球底部的情绪非常类似。我们极力去讨好他人，却把事情弄得一团糟。关注外界再加上极力想满足别人的期望，使得我们很难专注手头的任务，矛盾的是，这注定我们得不到别人的认可。

无法说"不"

曾经有没有这样一个时刻，你答应了别人的请求，但是后来又纳闷，自己到底在想什么？对于许多讨好型行为模式的人来说，"不"这个词是一种禁忌，因为它是招致冲突的"幽灵"。你可能会快速地适应别人的需要，以至于会情不自禁地说"是"，做出这种直接的、反射性的反应。这个过程可能发生得太快，你甚至没有意识到你没有时间，也没有履行承诺的意愿。最终，你可能感觉自己像一个受苦受难的人，对另一个人充满愤懑，同时也对自己盲目屈服感到气愤。

长期与人为善

在你努力讨好他人的时候，你可能会戴上快乐的面具，有时可能会面带虚伪的微笑，以避免可能存在的不满。这种长期与人为善的性格掩饰了你的弱点，遮蔽了你对绝对认可的渴望。参加正念练习的一个学生乔治（George），有一次告诉我他的前任治疗师让他画一个自画像。他在画上画了一张扭曲的笑脸，周围乌云密布。他告诉我笑脸是他示人的方式，乌云表示他的愤怒和对要时刻讨好他人的不满。

承担过错

有一种讨好行为是为几乎所有事情感到抱歉。有时，哪怕你并没有犯错误或做错任何事，你内心都会承担过错。例如，也许你会向撞到你的人说"对不起"，或者为没有预先照顾到别人的需求而感到抱歉。这些道歉往往是出于恐惧，请求对方不要生你的气。当然在歉意中可能存在真诚的关心，但是由于讨好行为的动态，在道歉中恐惧和恳求往往占了上风。这些道歉让你可以免于面对他人的反应和被抛弃的恐惧。

避免冲突

在讨好型行为模式中，避免冲突起着重要作用。这种回避战略可能会唤起种种负面的情感，包括愤怒、受伤和被抛弃感等。在你感到受伤的时候，出于害怕遭到对方的报复，你可能会噤口不言。如果你的伴侣对你所做的某件事感到很生气，也许你会离开家。即使你的意见与对方相左，但是你表面上仍会同意对方的意见。虽然避免冲突似乎是个好主意——当然也没那么可怕，但是长此以往却会带来严重的后果。它不仅会阻止你处理和解决关系中存在的问题，甚至会使其逐步加深和生长。所以虽然看起来避免冲突能带来和谐与亲密，但是在你试图隔离冲突的潜在来源时，它其实是在你和他人之间构筑起了一堵围墙。我将在第十一章详细论述"避免冲突"。

不遵循自己的内心

如果你只关注别人，你可能会与你的内在自我失去联系。你可能不知道你想要什么，或者你可能知道，但你不会直言不讳将其宣之于口。在你接待别人之前，要求对方等上几分钟似乎不可思议。你会被这种思维方式绑架，因此你会被动做出反应，而不是开始一些对你来说有意义的活动。换言之，你可能不会为自己的最佳利益行事，或者无法想象或选择自己的生活方式。

这确实是克里斯曾面临的状况。她无法与查尔斯讨论生孩子的可能性，她放弃了自身，选择了一份自己不喜欢的职业。幸运的是，查尔斯也喜欢园艺，否则她可能也会放弃这项爱好。即便如此，她也还是努力照着查尔斯的标准行事，并为此心事重重，有时这会侵蚀她在园艺中所感受到的宁静平和与心满意足的感觉。这种行为模式剥夺了她许多机会，使她无法体验生活的快乐和意义。

远离他人

有关讨好型行为模式的一个悲伤而简单的事实是，这些思想、情绪和行为的汇聚，本意是要带给你爱和安全的连接感，但是却总是南辕北辙。如果你有长期讨好他人的习惯，你可能会感到精疲力竭，因此你会避免和别人打交道，因为这样你就不会被激发去努力讨好别人。如果你一次又一次付出，却没有得到应有的认可，你就会因为害怕再次受伤而避免和别人接触。

反思：探索你的讨好型行为模式

在几分钟内慢慢地安顿下来，做一下正念呼吸。然后思考一下上面所提到的、通常与讨好行为有关的情绪。你认同其中的哪种感觉？你身上更常见的是哪种行为？又对哪种感觉陌生？花些时间将这些记下来，在你探索这些情绪的时候，确保自己是毫无偏见、富有同情心、对自己不做任何判断的。最后，列出那些在你身上经常会出现的讨好型行为。一定要把这个表列下来，因为在以后的章节中会用到。

小结

那些阻隔了我们与内心爱的本质建立连接的伤口，往往会循环引发某些和讨好型行为有关的思想、情绪和行为。虽然这个循环的初衷是为了获得爱和接纳，但它反而会使伤口进一步恶化，导致无价值感和不值得被爱的感觉加剧。

阅读这一章可能会感到非常艰涩。有关讨好型行为会对你的生活造成很大影响的这种想法，会让人觉得很难接受。此外，你可能会纳闷，想知道看起来在你的生活中如此普遍存在的东西是否有可能被改变。这些反应都很自然。现在，我想请你泰然地对待这一观点，尽量不做判断，然后进入下一章的阅读：探讨讨好型行为是如何影响人际关系的。然后，在第五章到第十二章，你将会学到很多正念方面的技能，它们确实会帮你扭转这种状态。

为了让自己从旧的行为习惯中解脱出来，你需要一种全新的方法。你不能用那些使你深陷于讨好型行为模式的工具和策略将自己解救出来。你不能用无意识的思想和情绪为自己找一个出路。正念因为有耐心、同情心和对当下的觉知等属性，它提供了一个全新的方法和脱离简单的被动反应的途径，让你朝着爱和接纳前进。

第四章

FOUR / 讨好型人格对亲密关系
的影响

　　长期戴着"随和"的面具会让别人很难
见到你真实的一面。由于你将自己的想法、
感受和意见深藏于心，所以你的伴侣无从得
知，因此你们无法发展真正的亲密关系。

我们已经考察了讨好型行为模式对你的直接影响，但它们显然还影响了你的人际关系。因为我们在爱情关系中最为脆弱，所以我将重点关注它。不过，所有的其他关系都会以相似的方式受到影响，但通常不会这么强烈。

在你阅读的时候，我请你不时通过有意识的呼吸进入当下。这可能是建立一种行为习惯的第一步，这种做法将来可以帮助你识别关系模式，做出新的、有意识的和充满爱的选择，这些选择可以滋养你的人际关系中的平衡性和连接感。当然，创造和维系一段关系需要两个人，所以请不要把你和你的伴侣可能会面对的任何困难的责任都揽到自己身上——如果没有其他原因的话——因为这会使讨好行为这种循环无限延长，并最终会损害你们的关系。

最初

凯特（Kate）和杰克（Jack）在大学里相遇，初相遇就一见钟情。凯特很快就全心全意关注着杰克是否认可她的言行，以及还能再做些什么好让他爱上自己。杰克没有看到这一点，但是他承认凯特为人随和、善解人意。凯特迎合了杰克对异性的要求，或者说是自己臆想中的要求，从来不让他看到自己心情糟糕时的样子。她自己并没有意识到自己在做什么，事情就这样自然而然地发生了。每个人都一样，凯特也渴望被爱，但是她从来没有在一段关系中得到过安全感。她迫切地渴望稳定和被爱的感觉。

事实上，对于凯特来说，追求任何关系都是一种勇敢的行为。她说约会使她紧张，因为她不知道约会对象想要她怎样做。在凯特的成长过程中，她的父亲有时会对她很亲切；但是一旦凯特做的事无法让他完全满意，他就会对她恶语相加。由此凯特得出一个结论：别人比她更清楚她应该如何行事，要想被人爱，她就必须满足他们的期望。如果不能真切地了解那些人，明白他们想要她做什么，她在一段关系中就总是感觉患得患失。

虽然对爱心有余悸，但是一个巧妙地赢得爱的办法就是将对方理想化，凯特对杰克也是如法炮制。当然，这个策略是有缺陷的，因为没有人是完美的，我们不能保证自己不会失望或遭人抛弃。此外，它还使得寻求认同的行为长期持续下去。因为凯特将杰克理想化了，她是真的想要讨好他。遗憾的是，将杰克理想化就像戴上了眼罩，从而对其他的一切视而不见。凯特太过关注杰克了，以至于她不知道自己是否真的喜欢他，他到底对自己好不好，以及他们的价值观是否一致。

对于那些有长期讨好型倾向的人而言，不得已选择的伙伴通常是一个试图掌控局面的人，杰克正是如此。他总是谋划全局，对去哪里和做什么都很强势。因为凯特一直没有注意到杰克对她如何，还因为在他们相处的早期，他一直都表现得很得体，最后凯特才发现杰克的控制欲很强。甚至她还发现，原来杰克正是被自己的顺从所吸引的。

在一段关系中，如果一个人因为幼年时期的痛苦经历而变得温顺无比，另一个人却控制欲极强，那么这段关系最终会变得充满暴虐，令人不堪。如果你也有上述情形，那么你要明白，在任何情况下虐待行为都是不被接受的，必须永远零容忍，也绝不要指责受害者。没有人应该受到虐待。

另外，在一段关系中，讨好型行为模式还会导致其他情况的产生，包括突然分手。那些有讨好型行为倾向的人，为了得到被爱的感觉，可以进入几乎任何一段关系。与此同时，关系中的另一方可能会发现他对讨好行为不堪其扰，因而会退出这段关系。这种经历会令人痛苦，并且会加剧自身毫无价值感和绝望感的念头。

随着时间的推移

如果关系在向前发展，那么其他类型的问题又有可能会出现。但由于长期以来你都在寻求外界认可，这使得你断开了与自己内在和自身需求的连接，所以你可能会关注你的伴侣，力图使对方得到满足，而对日益加深的困境无动于衷。

随着关系变得日益亲密，你可能会变得越来越担心受到拒绝。你可能会日益担心失去你的伴侣，为此你的反应是进一步努力确保你的伴侣不要离开，依然爱你。这可能会导致你成为追求者，而你深爱的人成为被追求者。

心灵创伤会激化你的讨好行为，也会使你断开与身体的连接，而正如前面所提到的：这里正是你感受爱的地方。一旦如此，再加上你自觉自己不可能被爱，你就会对已然存在的爱视而不见，觉得自己对爱求而不得，深感不足。

不言而喻的约定

如果关系这样持续下去的话，你很可能会全力以赴地去照顾你深爱的人。这样一来，你就创建了无意识的期望值，即伴侣是你的一切，你会为他做任何事情，会成为他想要你成为的任何人。然而，如果你把自己所有的能量都倾注到这段关系之中，你在潜意识中就会产生对方会给予回报的预期，而这是不可能的。作为对你的牺牲的补偿，你期望你的伴侣让你快乐，给予你无条件的爱，并保证永远都不会抛弃你。

遗憾的是，在第二章中所描述的童年创伤使你们谁都无法满足这些期望。因为这个伤口使你们断开了与自己内在的、与生俱来的爱的本质的连接，从而感到自己不可能被爱，你们都没有能力去给予无条件的爱。这一点，再加上双方都期盼着无条件的爱，所以无论多少爱都无法让你们感到满足。这些期望是你们双方背负的一个沉重的负担，它会开始侵蚀你们所渴求的连接感和亲密关系。它还可能会孕育出失望、愤怒和怨恨。微妙的、无意识的关系约定也雪上加霜，使得解决这种无法言说的失望变得不可能。

关系失衡

当一方的讨好行为根深蒂固时，无意识的约定可能会导致失衡的危险。你可能会包揽所有的照料工作，而你的伴侣可能正相反，不会被要求做太多。此外，你可能会处于一个"低人一等"的地位，放弃自己的需求和意见，无法捍卫自身的权利。如果问题没有得到解决，随着时间的推移，这种不平衡将日益加深。

而你的伴侣可能会使情况更加失衡，尤其是如果他有控制倾向的话。他可能会单方面做出决定，在你们的关系中成为主导。

如果你懒得自己做决定的话，让别人占据主导也许是一种解脱。然而他也可能会产生愤怒和被排斥在外的感觉，感到不被尊重。如果不平衡仍在加剧，那么双方都有可能感到愤怒和不满。

很显然，对伴侣的要求一股脑地应承下来会加剧这种不平衡。也许最初你对所有的家务都大包大揽，但是天长日久你也会对此深感厌倦。与此同时，你的伴侣可能会希望家务事都被打理得井井有条，认为一切都是理所当然的。一旦房子没有被打扫干净或杂物没有归置好，你的伴侣可能就会生气。

在第三章中讨论的所有其他典型的寻求认可的行为，都会滋养这种失衡的关系。比如说，为那些本非你自己犯的错——甚至是对方的虐待行为——说"对不起"，会将你置于一个"低人一等"的地位。你可能会为对方的行为寻找借口，并得出结论：如果你在某些方面做得更好些，或许对方就不会感到沮丧了。当然，对于关系中的困境，你们双方都难辞其咎，但是正如上面所强调的，虐待行为是不合适的。

还记得之前提到的玛丽吗？她本身拥有一份全职工作，业余时间在上夜校。饶是如此，她仍然试图照顾到丈夫的每一个需要。在我们一起工作的时候，玛丽意识到因为他们之间的关系出现失衡，她对丈夫和自己都心怀愤懑。我们一起做了善意觉知（kind awareness）和同情心练习，并且讨论了她可以选择如何处理婚姻中存在的挫败感。

之后不久，她就有了一次把她的新方法付诸行动的机会。一个深夜，她从夜校回到家中，发现比尔正躺在沙发上看电视，屋内一片狼藉。她觉察到自己的愤怒，并用一些时间来转移她的注意力，在心中默默对自己说了些同情的话语，这样一来她就可以和颜悦色地向比尔开口。随后，她眼含泪水，声音里有一丝恐惧，告诉比尔说，她想让他承担一些家务。比尔竟然大声笑了起来，他的笑声似乎表示他不相信她胆敢这样说。这件事确实反映出他们之间的关系已经严重失衡。当然，这并不是这个故事的结尾。幸运的是，借助正念练习和夫妻心理治疗（couples therapy），玛丽和比尔共同努力，在关系中实现了更多的平衡。

避免冲突

正如第三章中所提到的，避免冲突就像在你和你的伴侣之间建造了一堵墙。虽然它反映了你对于维系伴侣对你的爱的渴望，但是它让你失去了可以解决侵蚀你们亲密关系的困境的机会。

如果不解决与伴侣之间的冲突，那你除了自己咽下不满和愤怒——这让你们渐行渐远——之外，别无他路可走。同时，抑制情绪是短期内最好的解决方案。否则，愤怒和怨恨可能会以一种迂回、被动攻击的方式喷涌而出。你可能已经有过这种体会：

你会突然对对方恶语相向，或者举止无礼，而自己也不清楚为什么会这么做。

此外，不敢直面冲突还剥夺了你们之间更进一步增进亲密的可能，因为如果你和你的伴侣都对对方满怀爱意，彼此开诚布公，那么就有可能找到一个都可以接受的决议。确实，解决冲突会很艰难，但是它可以帮助你们释放自己的愤怒和怨恨，并重新建立起连接感。在这里，正念会大有裨益，它可以使你认识到避免冲突的本能，转而与所爱的人找到充满爱意的方法来巧妙地解决困难。

避免亲密

习惯性讨好行为的这一弱点，使得你与其他人很难保持亲密关系。简单来说，当你害怕被人伤害的时候，向别人敞开心扉是一件可怕的事情。另外，长期向外界寻求认可会妨碍你同其他人建立亲密关系。举例来说，长期戴着"随和"的面具会让别人很难见到你真实的一面。虽然你的性格有好几种特质，但是你的伴侣却只能看到你"随和"的那一面。此外，由于你将自己的想法、感受和意见深藏于心，所以你的伴侣无从得知，因此你们无法发展真正的亲密关系。简而言之，你并不以本真面目示人，对当下心不在焉，为将来忧心忡忡，这些都使你的伴侣无法看到真实的你，也无法真正理解你，从而不能真正珍惜你。

此外，你可能无法真正看清自己的伴侣。如果你将对方理想化了，你就不会认识到他丰满的人性。另外，如果你自认为必须努力去赢得爱或你不值得人爱，那么即使对方向你表达出爱意，你也可能感受不到。同样地，如果你认为批评是一触即发的冲突，你也可能会错过你的伴侣真正想说的话。

其他妨碍亲密关系的因素包括：关系失衡、躲避冲突和延揽一切过错等。所有这些都会让你畏首畏尾、止步不前，并最终导致愤怒和怨恨，使得困难更加难以解决。此外，如果你对旧日的伤害无法放手，始终耿耿于怀，那你最终甚至都不想去接近你的伴侣。

正式练习：呼吸和身体的正念

为这个冥想留出至少10分钟时间。随着你的练习越发进益，你可以选择逐步延长练习时间。找一个私密的地方坐下，尽力保证此处不被打扰。你可以坐在地板的垫子上，也可以坐在椅子上，无论采取哪种姿势，都要保证这样坐让你感到踏实、舒适、警醒和体面。你可以闭上双眼，也可以睁着眼睛，如果你一直睁着眼睛，那就将你的视线轻柔地停驻在某个地方。

首先练习几分钟的正念呼吸，直到你感到逐渐安定下来了。

将你的注意力从呼吸上转移开来，延伸到整个身体……从头到脚……从身体的一边到另一边……由前往后……获得一种对身体的整体感觉。你可以感知一下你的皮肤或衣服的包裹……你可以感受到有一股能量在体内……尝试如何注意到全部的身体。如果你愿意的话，在呼吸的时候注意一下当时的背景和身体的感觉。

当你专注于整个身体，你的注意力可能会被吸引到特定的感觉上……用你的注意力去感觉，注意到感觉中那些愉快的、中性或者不愉快的特质……在你温柔地探究这些感觉的时候，尽你最大的努力，让这些感觉自行其是，任由其发展，不要试图对其做出任何改变或处理……放弃任何试图做出点什么的努力。如果这种感觉是很困难的，那就带着这种感觉进行呼吸好了。

注意到感觉在不断发生变化，这是它们的本性……注意一下它们的强度和情感基调是如何发生变化的……其中有些又是如何逐渐消失的。在一种特定的感觉逐渐消失或者在头脑中离开之后，以一种自然的方式，把关注点放回到身体作为一个整体这个方面。

注意一下正在游移的思绪……放弃做出任何责备或判断……思想就是要游荡……当你意识到这一点的时候，让关注点回到当下，回到身体上面。在把注意力转回到呼吸和身体之前，你可能会希望给想法轻轻地贴上"令人担忧的""幻想"或者"计划"等标签。

在你结束这次冥想之后，将你的觉知进行扩展，把你的想法和情绪都囊括进来吧。然后轻轻睁开你的眼睛（如果此前是闭着眼睛的话），把注意力转到你所听到和看到的内容上面，给自己一些时间慢慢地活动一下，轻轻地回到这本书上面或者是你生活中的下一个目标上面。

反思：探索讨好行为是如何影响你的人际关系的

这种反思可能是一个挑战，为了在开始之前集中精力，所以你可能希望要练习一下之前的正念练习。花几分钟时间反思一下你到目前这一章为止所读到的内容。你在阅读这些材料的时候做何感想？你对讨好行为对人际关系产生的哪种影响感到熟悉？什么影响看起来似乎很陌生？你觉得在你们的关系方面还有哪些此处未提到的影响？花一些时间把这些内容都记录下来，确定在你探索这个主题的时候，是对自己抱着开放、富有同情心和毫无偏见的心态。在写下关于这个主题的内容时，你也可以写下你的感受。

伴侣的体验

与一个爱讨好人的人相处，貌似再理想不过了。然而，尽管你的伴侣可能会从你不惜一切代价满足他或者迁就他的愿望中获得一些（或许多）的好处，但是在这种关系中处于接受的一方也有很多遗憾。本章中剩下的部分对这些缺点稍作了一些探讨。当你接着阅读的时候，请记住之前所强调的，关系中的双方都对困难难辞其咎，所以请不要把下面的观察当作责备自己的理由。

感觉陷入困境

让我们回到玛丽和比尔的故事。比尔喜欢被人照顾，他享受玛丽在许多方面对他展示的爱意，特别是一开始，所以他无意识地参与创造了一个对她的依赖模式。但是随着时间的推移，比尔开始对玛丽无微不至的照顾满怀感激。如果他无法完全欣赏她的努力，或者不管出于任何理由对她生气的话，他会感到内疚。

2006 年，在《急于讨好》（*Anxious to Please*）一书中，詹姆斯·拉普森（James Rapson）将其称为"镀金笼子"，意思是一个人居处豪华但缺乏自由。在玛丽和比尔之间部分不言而喻的、不成立的契约在于，玛丽会为比尔放弃一切，但是作为交换，比尔应该承诺给予她永恒的爱和支持。然而，比尔觉得自己被玛丽对爱的索求和她为了确保这份爱而付出的关照给困住了。这让他对玛丽的需求感到轻蔑，同时在他碰到笼子的栅栏上时，会感到不满和愤怒。他不明白他为什么会有这些感觉，所以常常试图平息这种情绪，但是在他面对玛丽时，虽然他爱她，却仍不免会予以诋毁和贬低。

理所当然

当一方单方面承担起了所有事务，另一方可能就会产生一种假设，即这种情形是理所当然的，是关系存在的正常状态。在比尔这里，就是他从不曾想到自己也可以伸手做家务，如洗碗或洗衣服。随着比尔习惯了玛丽事无巨细地操持家务，他产生出一种理所当然应该被照顾的感觉，他的期望值越来越苛刻，越来越难于变通，而一旦玛丽没有满足他的预期，他就会爆发，或者面露阴郁不满之色。虽然比尔感到自己理所应当被照顾，这种情绪存在于他的意识之外，但是部分原因却是因为玛丽对他的无意识的预期：她渴求完美的爱情。然而，因为玛丽是如此友善，比尔对自己心怀怨恨，感到困惑和内疚，导致他也会产生无价值感和羞耻感。

压抑情绪

"镀金笼子"里的比尔浪费了很多精力。这些精力大部分都用于无意识地试图去抑制自己的愤怒、怨恨、蔑视和内疚等种种情绪。多年来，这些被抑制的情绪越来越强烈，并且逐渐地，他也会莫名其妙地爆发出来。当他在自己的情绪中苦苦挣扎之时，就像玛丽曾体会到的那样，比尔也会心生困惑、思绪混乱。

循环仍在继续

在亲密关系中，每个人的行为都是相互作用的。如果其中有一方有讨好型行为倾向，一种关系动态就得以确立，它或许会维持这种寻求认可的循环，并使其得以成长。如上所述，对于玛丽的讨好行为，比尔无意中就滋生出了一种理所当然和被诱捕的感觉。比尔心中对此累积了很多不满，并对玛丽提出了变本加厉的要求，而玛丽更加努力地去赢得他的认可，但是却未见成效。这样一来，她愈发产生无价值感，认为自己做得还不够。这个循环使他们之间的关系越来越失衡，比尔感觉陷入的困境越来越深，从而更加愤懑，导致玛丽比之前更为友善，将事情做得更加完美。因为这种动态中的大部分都游离于意识之外，并且他们双方都压抑了自己的情绪，他们继续躲避冲突和亲密感，结果就会导致恶性循环，使两个人在他们的关系中都无法获得满足。要注意，他们两人都对讨好循环产生了影响并使其保持下去，这一点很重要。

可悲的是，这些行为的本意原是为了确保获得爱和安全连接感，但最后却导致双方都失去了与自身和对方的连接感，并且错失了在生活中很重要的连接感。如果一方或双方都没有意识到这种被动反应性的思想、情绪和行为对他们的关系造成的影响，这种情形就不可避免。幸运的是，正念开启了觉知和同情的大门，这可以让双方都更为自由地、以一种更真实的连接方式投入到关系之中。

反思：探究讨好型行为习惯是如何影响你的伴侣的

做一下正念呼吸，在几分钟内慢慢地安顿下来。用几分钟的时间反思一下你在本章的后半部分所阅读的内容。你认为你的伴侣在亲密关系中体验过上面所描述的情形吗？如果是这样的话，哪些影响和反应与你的伴侣最为相关？如果不是，你能察觉对你这种讨好行为的其他反应吗？用一些时间把它们记录下来，在你探索这一主题的时候，确保自己是毫无偏见、富有同情心，对自己不做任何判断的。在你写下有关这个主题的记录时，你也可以记一下你自己对此有何感想。

小结

虽然讨好行为的意图是培养爱和连接感，但是从长远来看，这些行为会对我们所爱的人以及我们之间的关系产生负面影响。亲密关系会变得不平衡，但是因为避免冲突这一强大的驱动力，我们无力改变这一切。幸运的是，我们不会一直处于缺乏真实连接感的关系之中。在剩下的章节中，我将提供众多的正念练习，它们可以帮助你探索和改变你的人际关系，让你能够快乐地给予爱和接受爱。

第五章

FIVE / 身心合二为一

　　培养对于身体的同情心，活在当下，与身体建立内在连接，能帮助你更自在地栖居其中，从而可以感受爱，从身体的内在智慧中汲取力量，生活得更快乐。

人的身体是一个奇迹，但是大多数时间里我们都意识不到这一点；而且除非身体不适，否则我们对当下身体的感受一向都是无动于衷。像第一章提到的格兰特一样，他错过了喂养新生儿威尔的感知体验，这种体验令人感到快乐和充实：比如将他抱在怀中的感觉，他散发着乳香的头发和他稚嫩的小手等。

　　很多时候我们对于身体的麻木来自于童年的创伤以及由此产生的渴望，渴望着想要切断身体和情绪上因为感觉不到爱和自觉不可爱所带来的痛苦。然而，你的身体才是你的灵魂居所，也是你用来感受爱的地方，而这爱本有可能是属于你的，如果对身体麻木不仁，就会切断你与爱之间的联系。因此与身体建立内在连接对于活在当下来说至关重要，对于愈合创伤来说也非常关键。培养对于身体的同情心，在当下能意识到身体的存在，能帮助你更自在地栖居其中，从而可以感受爱，从身体的内在智慧中汲取力量，生活得更快乐。在本章中，你会学到许多正念练习，让你感觉与自己相处更加舒适自在。

利用身体的智慧

我们通过身体体验生命和爱，经历幸福与悲伤。它使我们得以看到令人惊叹的壮观的日落，听到美妙的音乐，碰触到柔软的花瓣，感受到第一口咖啡的美妙和芳香。我们也得以看到、听到和感受到我们自己的痛苦，以及这个世上其他人的苦难。正念练习始于注意到感官接受（sensory input），与第一章中所提到的在饮食中正念相仿。此外，如果你想要准备照顾自己，与身体建立内在连接是必须要做的。多年来，你只顾照顾别人的感受而弃自己的幸福于不顾，那么在你疗愈的过程中练习身体的正念就很重要。

正如《穿越抑郁的正念之道》（*The Mindful Way through Depression*）书中所描述的那样："如果我们可以直接认识感觉和感受，平和地看待我们内心的风景，那么我们会有一个强大的新方法来体验每时每刻，并与之建立一种更为明智的关系。"

我们的身体有其自身的智慧，因为我们的思想、情绪和身体是紧密相关的。通过关注身体，我们可以更好地理解我们的情绪和思维模式。其实，与其试图分析我们所处的情况，有时不如加强对身体的觉知，让我们对情绪了解得更多。因为情绪会在体内积聚，所以平和地对待身体可以提供洞察力，帮助我们直面自己的直觉。

假设你担心要如何去讨好别人。也许你浑身僵硬，心如鹿撞，肩膀紧缩，但是因为你处于被动反应状态，可能与身体断开了连接，所以你或许就会对这些感觉视而不见，或者奋力使其消失。这时，你会与自己身体的智慧失之交臂，无法领会到它所传递的让你以某种方式照顾好自己的消息。与此同时，你还会错失从体验（正是这种体验让你心烦意乱）中学习和愈合的可能性，使得你会有很多未完成的事务，担忧日益加深，长期处于压力之中。

起初意识到身体的感觉是很困难的，特别是你平时往往容易忽略它。然而，稳定平和的正念练习可以帮助你逐步与呼吸建立联系，进而与身体建立连接。

非正式练习：通过关注身体的感觉与身体合而为一

在任何时候都可以停下来，慈悲地检查身体的感觉。你注意到有什么感觉？你感到了刺痛、紧张、冷静还是温暖？仅仅注意一下发生了什么，不要试图去改变它。

随着你注意到这些感觉并允许它们存在以后，你就认识并且尊重了身体的智慧。这就是克里斯在春日的花园里所做的事情，当她注意到身体紧张时，她感到警醒，她不仅意识到当下正对查尔斯的想法感到担心，而且她警觉这一刻正是她生命的象征和缩影。随着持续进行非正式的练习，你会对身体所传递出的信息更为敏感，更容易跟随它的建议去做。

正式练习：身体扫描

身体扫描（Body Scan）有助于培养对身体的意识、同情和无反应性（nonreactivity），这将提高你更巧妙地解决由于讨好行为模式所带来的困难的能力。这一练习包括随时随地的对身体的感觉进行温柔地觉知，用探索的精神体会这些感觉，注意判断你的体验这一倾向。

当你练习时，你可能会注意到当下的实际情况经常与你想象的有所不同。在这种情况发生时，不要试图对其做出判断，让事情顺其自然，不试图改变或修正什么，尤其不要刻意让什么事情发生，包括放松，挣扎着去放松反而会在你的头脑和身体中引发不适。身体扫描的目的是坦荡真诚地面对你的体验，允许自己感受而不与之对抗。

心灵会不可避免地在这个过程中走神，而这对它来说只是惯常会做的事情罢了。不论你何时注意到心思在漫游，请温柔地承认它，不做任何判断，回到你的关注点上。不论你何时做这个练习，我都请你去提升耐心、不做评判，对你自己的身体多些仁慈和善意。

留出 15 到 20 分钟的时间做这项练习。随着时间的推移，你可能会希望延长到 45 分钟。不管你练习多长时间，在你注意身体的感觉的同时，试着感受情绪慢慢地在体内流动的感觉。

找个你感到安全的地方来做这个练习，保证自己不会被打扰。做身体扫描练习的时候，通常是躺在一个地方，当然这与睡眠无关。然而，如果你感到身体不适的话，床上可能是你唯一感觉舒适的地方；如果是这样，那就请躺在那里吧。你可以试着去找找哪些地方和姿势有利于培养放松的警觉这种感觉。

阅读下面的说明，然后练习身体扫描。

舒舒服服地躺下，轻轻地闭上你的眼睛。如果你喜欢睁着眼睛的话，温柔地凝视着天花板。当你准备好以后，温柔地告诫自己要保持清醒和觉知……注意整个身体，只要知道你在这里就够了……感觉到你的身体踏实地躺在你的休息之处……保持呼吸，注意你的整个身体。

现在关注你的呼吸，注意观察何处呼吸最为顺畅……鼻孔、喉咙的后面、胸部或是腹部……关注一下你的呼吸，仿佛你从前从来不知道自己会呼吸一样。你可能会注意到心思在游移不定……不要责备或做出判断……只是回到呼吸本身。

关注呼吸一段时间后，把你的注意力想象成一个手电筒，你可以用它去探照身体的不同部位……用你的注意力探照一下你的左腿，进而是左脚的脚趾……用温柔的觉知去感受一下脚趾的感觉……可能会感觉温暖或凉爽，刺痛或麻木……如果你注意不到任何感觉，那也没问题。身体扫描不是关于某种具体的感受，而是真诚地面对身体的感觉——随着关注点的推移，注意产生了什么感觉，并允许它自行运转。试着将呼吸纳入你的意识背景，并带着感觉呼吸。这可能并不容易，带着好玩儿的心态试试吧。

当你准备好以后，关注一下你的左脚……体会一下感觉出现、挥之不去，以某种方式做出改变……可能脚上会觉得酸痛……注意一下你想要做出解决或者改变的任何一种欲望，或者紧紧抓住那种你不喜欢的感觉……让感觉顺其自然……不要以任何方式改变它……带着感觉呼吸。在自觉注意力不集中以后，转而关注身体的意识。

现在将注意力集中到左脚踝和小腿……注意疼痛、瘙痒或者在平躺时腿部感受到的压力……带着感觉呼吸，在脚踝和小腿处练习意识觉知，然后在脚趾和脚上也如此感觉。

继续扫描身体，以同样的方式上行到左膝盖和大腿。接下来，把注意力转移到右腿，从右脚脚趾开始，到右脚脚踝和小腿，再以同样的方式上行到右边的膝盖和大腿。接下来，把注意力转移到骨盆区域，包括生殖器、骨头、器官、臀部和后背。接下来，扫描身体躯干的中间和上半身，包括腹部、胸部、后背中间和上面、肩膀和肩胛骨。

接下来，把注意力集中到左手的手指上，然后缓缓地一路向上，从左手、手腕和前臂肘，然后到上臂。接下来，把注意力集中到右手的手指上，注意此时的感觉，然后慢慢地把你在左手上做的事情在右手再照做一遍。最后，把你的注意力集中在颈部和喉部，然后向上扫描头和脸。

注意你的身体……从头到脚……从身体一侧到另一侧……从前身到后背……感觉一下全身……将呼吸纳入背景之中，用全身呼吸……感受一下呼吸在体内的运动……在这寂静之中与自己同在……感受一下自己作为一个整体……要知道你此刻拥有你所需要的一切。

在你准备好了以后，开始做一些小的动作，比如动一下你的手指和脚趾，感受这些小动作带来的感觉。当你觉得准备好了，注意一下你或许想要做的更大的动作……或许是伸展一下身体，或者是揉一下眼睛……开始倾听你周围的声音……当你睁开眼睛时（如果本来是闭着的），注意真正看一下你所看到的东西……给自己一些时间来慢慢地将注意力转向外面的世界。

压力

身体非常有弹性，能适应许多情况。虽然我们不喜欢感受压力，但这些感觉是身体的自我调适方式，以此引起我们的注意。

遗憾的是，我们经常忽略或无视这些警示，我们需要照顾自己的信号：这样的后果可能会带来健康问题。

在我们将某人或某种情形视为威胁时，压力会增大。像其他动物一样，在我们受到威胁时就会立即做出是战斗还是逃跑的决定，身体会做出一连串的反应——释放出肾上腺素和皮质醇，心率加速，气道扩张，消化速度变慢，血液迅速集结到大肌肉组织处以补充能量和增强肌肉的力量。警报解除以后，身体将很快返回正常状态。

我们人类与其他动物不同之处在于，我们仅仅是去考虑一下某种威胁就可以在体内引起应激反应。一段时间以后，在我们做了种种"如果怎样，就会怎样"的假设，以及设想了种种可怕的潜在后果之后，我们就会试图想办法摆脱这种境况。因此，对于危险的这种预见以及试图逃脱危险的行为就会给我们带来慢性压力。

汉斯·塞利（Hans Selye）是研究压力问题的一位先驱。1956 年，他在研究后发现，如果体内充满压力，在经过一段时间对压力的适应以后，身体会逐渐变得疲惫，容易生病，或者罹患一系列慢性健康问题。压力会侵害你的免疫系统，导致糖尿病、肌肉紧张、头痛、心脏病、记忆力下降、高血压、睡眠问题、抑郁等许多疾病。

非正式练习：感受压力带来的感觉

下次你再感到紧张的时候，停下来，深深地吸口气，注意一下与紧张相关的感觉。注意感觉哪种是最为显著的，或许是你皱起的眉头，或者是紧张的肩膀，也许是你的呼吸浅显急促，也许是你的心跳骤然加快。

然后在日常生活中，每次当你感到这种感觉再次袭来时，将此作为一个提示，提醒自己深深地吸口气，对当下保持警醒，审视一下你自己。你会对感觉到的压力感到愤怒，会试图忽略或拒绝它们。恰恰相反，试着任其自然存在，不对此做任何判断。仅仅是放弃与之抗争可能就会使你感觉不那么紧张，你所感受到的感觉或许会帮助你知道如何最大限度地照顾好自己。

杰西（Jesse）试图在严苛的工作、幸福的婚姻和两个活泼的孩子中间取得平衡，每逢他在工作中感到压力过大时就会做这一练习。他注意到，当他自觉不堪重负时就会咬紧牙关。随着时间的推移，甚至在他意识到自己觉得紧张之前，他就开始注意到自己会咬紧牙关。通过这种方式，杰西发现自己得以稍微放松一些，并可以洞察自己身上的压力。

讨好型人格和身体

既然讨好型人格是基于渴望被爱和唯恐不被人爱而形成的，

那么这种行为模式会导致压力的产生、造成身体的损害也就不足为奇。如果你已经与你的内在价值和内在之善失去了连接，那么生命对你来说，就像是一个展示你作为人类的价值的试验场。讨好型人格所固有的、不停的自我批判，会进一步验证自身那些毫无价值感的想法和感受。所有这些都会产生压力，都会在你的身体上表现出来。

然而，由于你关注的焦点是别人，你可能不会注意到这个压力是如何对自身产生影响的。此外，你可能还会倾向于否认或抑制由于费力去讨好别人所带来的困惑。未经审视的感觉一直在体内累积，如果你试图长时间否认或抑制它们，你就会像一个将要爆炸的压力锅一样。例如，在对自己漠然置之的同时，又怨恨自己总是"不得不"去迎合别人，这种感觉就会在体内发酵，并制造压力。

此外，保持预测别人的需求所需要的警惕，以及被驱动着去讨好别人，这两点都会滋养焦虑，并提升压力。就像压力一样，焦虑也会折磨我们的身体，带来许多身体症状，包括肌肉紧张、心跳加速、血压升高、颤抖、疲劳、疲惫、出汗、胃痛等问题。如果你关注的焦点在别人身上，而阻止自己照顾自己，比如不能正常锻炼和饮食，需要去看医生的时候也无法正常就医等，那么你的健康可能就会受到影响。

正念可以抚慰创伤。将宽容的、客观的意识融入身体的感觉之中，能帮助你暂时走出讨好他人的情况，同时与其保持一点距离。放弃与这些感觉做任何斗争，可以让身体在大脑飞速运转的时候，成为一个坚实的基础。这可以帮助你来决定什么是当下最重要的智慧。这里有一些非正式的练习，它们可以帮助你调整身体并开始照顾自己。

非正式练习：指出这些感觉

当你发现自己处于一种讨好别人的困境中时——或许是待人太过友善，又或者在不需要你道歉的时候说"对不起"。静静地说出你的感觉，比如"刺痛""紧张""疼"等，指出这些感觉为你提供了一个可供你练习放弃斗争的空间，对正在发生的情形有更清晰的了解，并且利用身体的智慧。

非正式练习：注意你的能量水平

对有讨好型行为习惯的人来说，经常承担那些他们力所不逮的事情是很常见的情形。下一次你发现自己再次处于这种情况下时，注意一下身体里产生了什么感觉。你能感觉到你的能量水平发生了什么变化吗？是否与感觉有关的某些生理感觉占了上风？

非正式练习：给自己留出一些时间

在白天找一些时间来好好照顾自己。你可以轻柔地做一些伸展运动，走出家门短暂地散会儿步，或静静地坐着，舒服地喝杯茶。当你用时间来照顾自己、犒赏自己的时候，是什么感觉？

反思：探究你在讨好型行为中的感觉

用几分钟的时间来做一下正念呼吸，轻轻地安顿下来。然后回想一个你曾对寻求被认可的想法、情绪或者行为着迷的时候。也许曾经你会对别人对你的看法担心，虽然不同意但是也点头称是，或者说对为别人做了许多事感到不满。

回想一下当时的情形，让自己再次感受一下，捕捉尽可能多的感官细节。你身处何处？周围的环境怎么样？有无其他人在场？在详细地回想一下当时的情形之后，注意你身体的感觉。你可能会悄然地指出这些感觉，比如说"紧张""热""心脏怦怦跳"等。如果你只是任由这些感觉存在而不做任何挣扎，会发生什么事？你的身体告诉你些什么？在你感觉和探索自己的身体反应时，抱以仁慈和怜悯的态度。用一些时间把这些都写在你的日记里。

正式练习：正念拉伸

正念拉伸（Mindful Stretching）可以提升意识，促生出对你身体和生活的宽容的、温柔的和同情的态度。不管你是否在家里练习瑜伽或上瑜伽课，也不管你是否为了健身而做拉伸运动，你可以把这些品质带入你的拉伸练习之中，将其改造为一个正念冥想练习。

当你拉伸身体的时候，将初始之心带给你的身体。动作要缓慢而轻柔，好像第一次去探索身体的感觉一样。如果思想开始游移不定——它肯定会如此——轻轻地将注意力转回到感觉上面。

在用心地伸展之时，抓住任何一个可以学习（或重新学习）重要的人生经验的机会。如果这种拉伸对你来说具有挑战性，你可能会注意到你自己做出了厌恶反应。在这种情况下，你可以有意地欢迎张力的感觉的到来，并在伸展中得到放松。你可能会发现带着感觉呼吸会帮助你放弃挣扎，允许这种感觉在场。身体的智慧会告知你的极限，帮助你理解不愉快的感觉和疼痛之间的区别，以及如何照顾好自己。它可以帮助你知道什么时候需要停止拉伸，以及——如何从过度讨好他人的努力中解脱出来。

身体的智慧可以在很多方面帮你疗愈。在你拉伸的区域内长期有紧张情绪时，埋藏的情感可能会得以释放。不要挣扎着去实现这一点，注意身体的感觉。在你注意倾听自己的身体体验时，正念拉伸可以帮助你借助身体内在的智慧，带着觉知感受你觉得压抑的地方，让你的身体可以更为自如，让你在日常生活中可以更轻松自在。

例如，你伸展手臂的时候有灼热感，你可以挑战自己，保持这个姿势不动，待上几分钟，注意此时的感觉以及想要缓解不适的欲望。试着允许这种感觉存在，不要努力去改变它们或者停止这个姿势。这可以教会你无须立即对敦促做出反应，如果你允许它们存在，它们有时反而会转瞬即逝。最后，你可以将这些经验转而应用到寻求认可的时候，将你所学到的关于厌恶、放弃以及不必冲动行事运用其中。

正式练习：行走冥想

行走冥想将正念带到了行走的即时体验之中。我们在走路的时候通常会有一个目的地，而不会关注行走的即时体验。相比之下，行走冥想没有目的地，我们把注意力集中在脚和小腿上面。你可以随时随地练习行走冥想，尤其是当你感觉到特别强烈的焦虑，很难用其他类型的冥想让自己安静下来时，这时候行走冥想就变得特别有用。

为这种练习至少要留出 10 分钟。找到一个安静和私密的地方，在那里你可以来回行走；空间不必太大，10 到 20 步的距离足够了。记住，你不是去奔赴某地，你只是行走。路径的长度可以自由裁度。你可以以任意步幅前进，但是在走路的时候，缓慢踱步会帮你注意到更多的感觉。

　　开始之前，先注意自己在哪里。与你的呼吸建立联系，然后感受自己脚踏实地的感觉……用站立的姿势，左脚先迈出一步。注意到两只脚的重量转移到右脚。注意到左脚离开地面的感觉……首先是脚后跟，然后是脚底。在你抬起整个左脚的时候，感受一下压力是如何释放的。感受左脚和左腿向前摆动。然后注意左脚又踏在地面上的感觉。

　　感受一下重量从右脚转移到左脚的感觉……感觉右脚跟离开地面，然后是脚底，再然后是整只脚……感受一下随着右脚和右腿缓慢地开始下一个步骤之前，重量是怎样逐渐转移到左脚的。

　　对感觉到的压力、每只脚和每条腿的摆动、肌肉紧张、衣服的运动等都心怀善意。注意力有时肯定会从行走的感觉中偏离，每当此时，就要练习耐心和仁慈。放弃判断，一遍又一遍重返于行走的感觉。

小结

　　因为身体是你存在的家，同时也是你能感受到爱的地方，所以关注身体，并带着同情对待它很重要。身体也会变得紧张，对讨好的思想和情绪做出反应。通过以身体为中心的练习，培养富有同情心的、对当下的觉知，可以帮助你的心安顿下来，带着洞察力观察你的体验。当你直面身体的直接感受，并放弃与之挣扎时，你可以从身体的内在智慧中学习，敞开心扉感受爱，活得更加充实和快乐。

第六章

SIX / 你的想法并不等同于现实

　　思维在很多时候给予了我们很大的帮助。但是因为它是为了生存而发展出来的产物，它几乎从未停止过寻找麻烦。思想总是处于评估、分析和担忧之中。

还记得在第一章提到的格兰特吗？在他给孩子喂奶的时候，他的焦虑使得他心不在焉，并没有活在当下。他的故事说明了两个主要问题，而这在我们平时的想法中特别容易产生。首先，他当时并没有意识到自己的想法和它们对自己产生的影响有多迅速。他的思绪很自然地飘向了远方，着眼于将来的生活，而这让他置身于一个痛苦的场景之中，他想象着彼时他的妻子已经从他身边离开了。其次，正如格兰特挣扎着不想面对他那些可怕的想法和感受，他对这些情绪和自身做出了判断，然后迅速地打电话给他的同事，借此从这些想法中挣脱出来。

本章探讨了思维的本质，以及练习正念如何能够帮助我们改变关系。这使得我们可以培养出一个更加独立的视角来审视我们的思想，从而赋予我们更多的自由来摆脱情绪负荷。借由这种自由，我们可以更巧妙地选择、做出富有同情心的反应，而不只是简单地对事件做出被动的回应。如果格兰特选择了练习正念，他就能选择慰藉自己，安抚焦虑，享受他与婴儿在一起的时光，解决他所面临的状况，而不是一味回避它。

并非是我们的想法使我们感觉疯狂

我们都在与自身的思想做斗争。我们不辞辛苦地通过转移自己的注意力，判断它们是好是坏，认可或否认它们，或者去想一些更好的事情等，来试图控制它们及其所带来的痛苦的后果。你可能已经注意到自己会努力去想一些愉快的事情，所以你就可以善待他人，或试图摆脱因为没有讨好别人而产生的自我批评。

遗憾的是，这场斗争没有解决任何问题，更无法培养出一个冷静的头脑。相反，与思想的斗争使我们对自己编织的故事深信不疑，并陷入因此而产生的痛苦感觉和行为泥潭中。此外，努力控制思想会使得对方变本加厉，所以我们在剧中愈陷愈深，欲罢不能。

这里有个类比，你可能会觉得有用：假设你发现你的狗在饥肠辘辘地撕咬着你的鞋，并且啃得心满意足。你心疼地倒吸一口气，把鞋子从你"最好的朋友"口中夺下。但是你越试图把它夺过来，你的狗就越用力往回拽。很快这场考验就变成了意志的较量，彼此都感觉很生气，决意非赢不可。甚至，"你的朋友"可能还会咬你。撇开类比不谈，其核心在于：不要试图去摆脱那些想法，越是赶它，它越是不走。通常有技巧的做法就是放弃战斗，不管这种斗争是发生在与你的狗还是与你的想法之间。

放弃控制思想，不再与之做斗争，这一观点会让人觉得非常难以理解和接受。然而通过积极的正念过程，你可以学会只是简单地观察你的思想而并不是与之斗争，将其视为头脑中的短暂事件，但这事件并非是你自身。本章提供了几个冥想练习来帮助你尝试运用这些概念。

练习：停下来！

首先，让我们做个练习来探索一下试图控制思想的斗争到底是怎么回事。大约两分钟后，闭上眼睛，试图阻止任何想法或语言进入思维之中。记住，不要让思想进入你的头脑。要坚持满两分钟。

＊ ＊ ＊

欢迎回来。发生了什么事？大多数人会觉得在最初尝试不做任何思考的前几秒钟，大量想法会突然开始涌现。

获得一个独立的视角

将思想视作头脑中发生的事件的一个办法就是将其视为声音。一般来说，声音都是存在于外部的世界之中。它们只是来来去去，我们无须为大部分声音负责。此外，当我们倾听声音的时候，声音有远有近，所以我们会觉得心里很敞亮。但是我们对待思想的态度却完全不同。因为我们太过在意它们，认为自己要为它们负责。我们不会让它们只做简单的停留，我们会因为它们而变得紧张兮兮。以同样的方式倾听你的想法，就像你听声音时一样，这样可以帮助你不那么在意自己的想法，不去过于关注它们，少一些被动性的反应，从而培育出一个更为平和的视角。

以一个仁慈和怜悯的态度对待思想，这是培养一个更为平和的视角，以及让思想来去自由的关键因素。例如，如果你注意到这些寻求认可的想法，你可能会笑着对这些熟悉的想法说："哦，你们又来了……"仁慈可以促使你从一场原本非常痛苦的挣扎中解放出来。

正式练习：声音和思想的念力

为这次静坐冥想留出大约 20 分钟的时间。找一个私密的地方坐下来，保证自己不会受到打扰。可以坐在地板的垫子上，也可以坐在椅子上，无论采取哪种姿势，都要保证你这样坐最踏实、最舒适、最警醒和最体面。你可以闭上双眼，或者睁着眼睛，这都无所谓。如果你一直睁着眼睛，将你的视线轻柔地停驻在某个地方。

正如第四章中所描述的那样，首先做一下正念的呼吸和身体练习，大概是 5 到 10 分钟，直到你感觉相对稳定下来即可。

将你的注意力从呼吸和身体上轻轻地转到周围的声音上，让你的注意力向所有声音开放。保持大约 5 分钟的时间，让声音自己来到你身边，而不是要费力去寻找它们……声音可能离你很近，也或许有点远。

你或许会注意到，你对这些声音会有些想法，比如辨识或做出判断……要注意声音和你的想法彼此并非一回事，你对声音的想法并不是声音本身……就把声音当成感觉一样对待，试着放弃对这些声音的想法……注意一下音调、音量、音色、节奏和持续时间等。在你心不在焉的时候，承认这一点，并将注意力转回到声音上面。

在思想上来来去去的时候，轻轻地将注意力转移到想法上面……以你关注声音的方式关注一下想法……将声音看作输入到耳中的内容，把思想看作输入到大脑中的内容……放弃想要抑制或否认想法的念头……放弃紧紧抓住想法的意图，也不要鼓励它们。不要对想法做出判断……没有好的想法，也没有坏的想法……让思想自行出现、徘徊，然后消失。

在注意力不集中的时候，只是回到自己的注意力上面即可。如果你感觉关注的焦点有点过于宽泛，你可以一直将注意力集中在呼吸上面。你可能会花 5 分钟的时间进行这部分练习。

当你结束这次冥想的时候，轻轻地睁开眼睛（如果眼睛本来是闭着的），将注意力转移到周围你所看到的东西上面。给你自己一些时间来慢慢地、轻轻地将注意力转回这本书中，又或者是任何一个下一步要出现在你的生活中的事物上面。

非正式练习：观察你的思绪

在任何时候，停下来，深吸几口气，用相同的方式观照一下你的思绪，将它们视为头脑中的短暂事件——而你无须为这些事件负责。这个观察为你在刺激和反应之间提供了一个缓冲，帮你从忧虑和被动反应性中寻得更多的安逸和自由。你要提醒自己，你不需要相信你的思想，你的思想不是你。对你观察到的所有一切都抱以耐心和仁慈。

一位参加正念练习的学生卡米尔（Camille）向我们描述了这一方法是如何给予她帮助的。一次她在做业务演示的时候，她一度意识到她担心老板会如何评价她。她开始失去焦点，很显然这让她无法流畅地表达。她开启了正念觉知，深吸了一口气，承认了她的想法。这帮助她迅速调整了状态，重新聚焦，再次进行娴熟流畅的演示。

这些结果并非每次都会发生，努力挣扎着实现这一目标会造成更大的困难。所以这一练习的目的就只是注意并且允许它存在。

记住，念力并非是一个完美的实践，但却可以帮我们逐渐摆脱自身的思维习惯，包括不再为讨好他人而忧心忡忡。

心灵的本性

了解心灵的本性可以进一步提升你放弃判断和与思想斗争的能力。正如有些人所说，心灵有它自己的思考。明白这一点可以帮你将想法看作心灵中的短暂事件，而无须陷入剧中。

猴子思维

当克里斯开始练习冥想的时候，她注意到她的想法有许多特点。她发现，就像那天在花园里一样，大多数时候她都没有意识到，她全心全意陷入了自我批评的泥淖，并想象着她丈夫表示反对的情形。此外，她惊讶于她的想法的数量和种类有如此之多，包括担心别人怎么看待她以及她应该做些什么来赢得别人的认可。

她逐渐开始明白，她的思想就像一只在树林里不停地跳来跳去的猴子。同样的，她的思想也在各种念头之间不停转换，很快就会跳到一棵完全不同的树上，或者说是思路上。如果她没有仔细倾听这些想法的话，她的猴子思维就会继续跳个没完，直到沉静下来之后，她才突然反应过来，不知道自己为什么会产生那种想法。你知道你现在的猴子思维在想什么吗？

每个人都会淹没在思想和忧虑的海洋中，但是如果意识不到在树林里跳来跳去的猴子思维就会导致一些问题。克里斯的猴子思维就使得她无视当日晴朗的好天气和手边的劳动，而一味地沉浸于她丈夫可能会批评她的想法中。因此，她不仅错过了美好的一天，还自认为无法满足她丈夫对她的评判标准并为此而感到焦虑。她也对自己所认为的查尔斯的评判标准心怀不满。通过正念练习，她可以更轻易地承认自己的担忧，不再为此纠结，从而享受当下时刻。

在场的益处

2010 年哈佛大学的一项研究表明，一个无人照管的心灵会产生很多艰难的后果，不管思绪游荡向何方，它都会使人感觉不快。通过对 2250 人的观察研究，取得了 25 万条数据结果，而研究结果显示，在人们清醒的时间里，会有近 50% 的时间思想在开小差。结果还显示，人们在关注当下一刻的时候——不管当下正在发生什么——感觉最为幸福，包括头脑中想着开玩笑的场景时都会感觉比平时幸福一些。

这项研究的结果可以表现出人类的大脑在几千年中的进化历程。我们的大脑容量巨大，能够战胜那些致命的捕食者和恶劣的环境条件。我们通过学习狩猎、采集和种植来保证物种的生存和繁衍。我们的头脑十分精细灵敏，通过不断地回望过去、展望未来，制作出创造性的解决方案和发明，最终制造出包括电脑和因特网在内的技术奇迹——好让我们记得在杂货店买些什么东西回家。

当然了，思维在很多时候给予了我们很大的帮助。但是因为它是为了生存而发展出来的产物，它几乎从未停止过寻找麻烦。思想总是处于评估、分析和担忧之中。举例来说，我们不断地分析别人对我们的看法和期望，我们应该对此做何反应，以及如果我们无法应允会产生什么后果。

此外，我们的思想还会涉及经常评价我们的经历和我们做事的方式。我们评估那些不愉快和痛苦的经验，这样我们以后就可以避免，并且我们试图计划如何将愉快的体验最大化。在大多数情况下，我们认为思考可以解决事情，但大脑却不知道什么时候应该退场。这种不断的评估和判断会让人很难对生活的现状感到满意，也让我们陷入讨好行为模式之中。

解决方案就是——不必费脑子。正念是解决猴子思维的良药。通过正念练习可以培养思维在场，帮助我们注意到我们的思绪正飘向何方，获得一种非被动反应式的视角，从而可以带给我们更大的满足。

心灵完全是在独自思考

当你练习正念时，你可能会意识到大脑完全是在自行思考。你甚至不用试图去想什么，想法就会自然涌现，并且意愿非常强烈。例如，你注意到你的朋友脸上阴云密布，说话也急促而简短。这时候你无须有意识地决定要想什么，你的大脑会自动做出反应："天啊，难道我做了什么惹着她了吗？"然后或许你又会接着想："我肯定是做错了什么事情。"下一个念头或许是："看吧，我什么事都做不好，我一无是处。"

如果没有觉知介入，你的思想就只是在编织一出挑剔和自我判断的戏剧。随着这出戏剧的展开，你对此做出反应，情绪和行为的洪流就开始涌现。你可能会感到焦虑和耻辱，会困惑于自己可能做了什么伤害朋友的事。通过正念，你可以富有同情心地承认你的想法，不再被动地参与到这出想象的戏剧之中。

它也可以帮助你不那么太在意自己的想法，如果你明白其实每个人的心灵都会不断涌现出自己也未曾觉察的念头。在早期的正念训练班上，许多参与者很欣慰地发现原来其他人也会在冥想中走神。

最后请记住，因为你的思想未经你的允许而自行涌现，所以产生什么样的想法都并非你的错。清楚这一点可以帮你不必太过依附它们，因而对这些想法的内容的反应不至于太过被动。此外，

111

你越少责怪自己的想法，你就越可能更愿意看一看它们到底为何产生。试着放弃责备自己想法的念头，这样可以帮助你不再责备自己，包括因为长期讨好他人的行为而感到内疚。

非正式练习：在你因种种想法不堪重负时，让自己安顿下来

当你因为种种想法而感到不知所措时，给自己一个机会，通过把你的觉知贯注到感官体验中从而重新振作精神。精确地关注一下你在当下的身体体验。例如，如果你正在小口喝水，注意在你去拿杯子的时候手臂肌肉的运动，在你碰到杯子的时候身体的感觉如何，嘴唇碰触到杯沿时所感受到的温度，水在口中的感觉，以及吞咽的时候和水沿着食道流下来的感觉，等等。注意你随后的感觉，你可能会感到更踏实，能够获得一个更加独立的视角。

我清楚地记得有一次我要去参加一个有关正念的电视访谈节目，在节目录制前的几个小时中，我练了一下瑜伽。在我练习前屈的时候，其实我在为我待会儿该如何陈述感到焦虑，并担心观众是否会喜欢。我一遍又一遍地转移自己的注意力，转而关注当下、呼吸、腿后侧的感觉，我的手指碰触着地板，感受到脖子的轻松。这使我感到宁静，得以集中精力更好地准备演讲。

想法并非现实

知道你的想法并不等同于现实是另一种可以让你感到欣慰的方法。例如，现在我坐在这里，在想着我停在车库里的白色汽车。想着我的白色汽车这一念头并非是白色汽车本身。这很容易理解，即我的车和对于我的车的想法并非一回事，也就是说想法并非现实。认识到这一点比认识那些无形的想法要更难一些，就像你认为自己毫无价值感的念头一样。然而，你认为你不值得人爱的想法并不比我想到我的白色汽车更为现实。

通过正念练习，克里斯意识到她对自己价值的判断并非她本身，它们只是头脑中自行产生的意识。这一意识让她可以自在地与负面的想法同在，并在它们出现的时候轻松做出反应。

事情并不像它们看起来的那样

有时我们特别确信的事情其实并非如此。我们做出此种解读是基于我们头脑中绵延不休的意识流，它们就像电脑的操作系统一样在后台运行，告诉我们做何感觉和应该做什么。这些解读都受到了我们的感情和情绪的影响。假设你起晚了，把午饭忘在了厨房台面上，对上班路上的交通状况有所抱怨，而你在上班的时候收到一封来自伴侣的语音邮件，对方很恼火地让你给他回电话。你对此会做何感想，感受如何？

现在想象一下你准时醒来，带着午饭去上班，路上非常顺利。你听到你的爱人给你发来一个消息，有些恼火地让你打电话给他。在这种情况下，你又会对此做何感想，感受如何？

和大多数人一样，你对此所做的解读和预测将会根据你的思想和情绪状态而有所不同。如果这天情况很糟糕，你可能会认为你的爱人在生你的气，然后担心他会出什么事。你可能会想："天哪，我又做什么错事了吗？"如果这天你心情愉快，你可能会想："啊，他听起来很不高兴。我希望他没事。"那么你看，哪种解读才是事情的真相呢？

正念可以帮助我们活在当下，深呼吸，注意到我们的心境、解读和假设。当我们有意识地承认这些思想和精神状态时，我们就更不会沿着担心和恐惧之路渐行渐远。相反，我们可以提醒自己放手，顺其自然，看看会发生些什么。

你不必相信你脑子里想的事情

通常我们意识不到我们的假设，因此无法怀疑它们，或者无法怀疑这个事实，因为我们认为它们是正确的。我们只是假设它们就是真实的，从而做出反应。在讨好型行为模式循环中，我们做出的假设是我们必须讨好他人，我们不值得人爱，以及我们必须是完美的。尽管这些假设不太真实或正确，但在我们没有顾及它们的时候，它们就会对我们发号施令。

在一个正念修习班中，有一位名叫索菲娅（Sophia）的27岁的地质学专业的在读研究生，向我们讲述了一个令人不安的事件。她的邻居艾丽西亚（Alicia）打电话向她寻求帮助。索菲娅当时没在家，所以艾丽西亚留下了一个语音。等到索菲娅听到消息的时候已经过去很久了，她为自己没有及时做出反应感到尴尬和羞愧。各种想法在大脑中萦绕，挥之不去：她会怎么看我呢？她一定认为我是不想帮她。她以后不会理我了。

一连好几天，索菲娅都躲着艾丽西亚，试图避开她朋友可能会产生的愤怒和失望。索菲娅很看重与艾丽西亚畅所欲言的快乐，她不想结束与她的友谊。后来索菲娅偶然在杂货店商店遇到了艾丽西业。她惊讶地发现，艾丽西亚不仅没生她的气，反而很高兴见到她。很明显的一个证据就是，艾丽西亚邀请索菲娅与其他朋友一起到她家里去聚会。对索菲娅来说，这是一个觉醒的时刻。事情并不像她想的那样，实际上恰恰相反。

这件事情的发生使索菲娅开始怀疑她的假设。她心里不无苦涩：我认为我必须去赢得艾丽西亚的友谊。这很像我想我不得不从爸爸和妈妈那里去努力赢得爱。这么长时间以来，我一直都做错了吗？是否多年以来我身边的人在爱着我，但是我却对此视而不见？

当我们一起练习时，索菲娅开始承认并放弃了对旧观念——之前她认为需要努力才能获得爱——的挣扎，意识到她的思想和情感之间的相互作用。此外，她开始注意到她的心灵有自己的思想，她的想法并非事实。在整个觉知过程中索菲娅都抱以耐心和恒心，渐渐地，她变得善良且对自我批评和恐惧不再怀有偏见，只是将它们视为心灵事件而已。

思想变化无常

另一种对待思想的方式是把它们看作是心灵的无常的对象。在冥想期间，试着观察来来往往的念头。让它们在头脑中自在地来去，而不要试图控制住它们。可以把思维想象成广阔无垠的蓝天，而思想就像是空中飘来飘去的云朵。

当然，天空中有各式各样的思想云朵。当你在冥想中观察思想的时候，你会注意到有些飘浮在心灵的天空中的云朵缥缈纤细，不会长时间地对天空造成阴霾。有些想法，诸如"多么美好的一天啊"或者"我今天午饭吃什么"等会来去匆匆，很快就消失不见。其他的想法就像乌云密布的云层，似乎永远也不会消散。一些讨好性的想法就像乌云，比如"我完全一无是处""我不能让他高兴"或者"我为什么要对她说那些，她会觉得我很可怕"。

然而，就像所有的云朵一样，所有的想法都是来来去去。正念可以帮助你培养去除执念和耐心的品质，让你在那些或缥缈或阴郁的想法飘过心里时，对它们进行观察。

同讨好型思维模式一起共事

因为讨好型思想是受恐惧所驱动的，因此它们会消耗大量的能量和时间，也很难把它们看作是短暂的心灵事件。试着提醒自己到目前为止在这一章中所读到的内容。要记住，随着你持续进行练习，观察和宽容会变得更加精细化。

练习：列举出你的想法

看一下第三章时自己列出的讨好思想的列表，并且把你所想到的其他想法添加到这个表中。接下来，检查你的列表并确认你的周期性思维模式，然后为每种思维模式命名或者贴一个标签。例如，可以把"我真是个大傻瓜"或者"都是我的错"等想法归到"指责性的想法"这一类，像"我怎么才能让她喜欢我"或者"我不得不同意"可以被命名为"寻求认可的想法"。在你试着做以下非正式的练习时，可以使用这些名称，这样可以在你观察和放弃的过程中为你提供一些帮助。

非正式练习：给当下的想法贴个标签

当一个列表中的想法出现时，承认它并且给它贴个标签。这将帮助你和你自己的思想之间拉开一点距离，置身剧外，攫取它所凌驾于你之上的部分权力。最终，你会微笑着对这些想法说："啊，你就在那里。"

非正式练习：关注一下你的讨好型焦点

进入当下时刻，注意你是否在关注当下，或者还只是在想着别人。通过善意觉知，你或许会意识到任何一个这样的想法都含有讨好的性质。观察你的想法。你是否想知道别人是否喜欢你在当下所做的事情？或者说别人怎么看你？你是否想尽力去弄明白如何讨好别人或者假设别人在暗自腹诽你？不要与这样的想法做斗争，试着重新聚焦到你的内部体验中，询问自己：现在我需要注意什么？这可以帮助你为习惯照顾别人而唯独忽视自己的这个行为负责。通过这种方式，你可以将你的思想训练得更加平衡，尊重自身的需求，认识到对你来说什么才是重要的。这种做法对我来说一直是一个重要的老师。我希望它也能对你有所帮助。

这一切的背后

让我们重温一下索菲娅的故事吧。她很惊奇地发现，即使她没有能够为朋友提供其所要求的帮助，朋友也依然爱她。索菲娅继续练习正念，她意识到了潜藏在她的意识表面之下的无价值感和恐惧感，这些感觉加剧了那些慢性的寻求认同的思想，比如："我想知道她是怎么看我的""我只是讨厌我自己""我不适合这里"以及"我应该做什么"，等等。这些想法都只是冰山一角，它们提醒你水面下还潜藏着巨大的部分：痛苦的感觉。

通过调整她的想法，索菲娅开始参与练习过程中必不可少的一部分：直面那些想法下面的情绪——那些情绪与未完成的事情和往日的回忆有关；那是在她犯错误时，她的父母收回爱的表示，并且劈头盖脸地批评她。鉴于这些情绪的痛苦本质，索菲娅发现在冥想时，她经常想强迫自己把注意力转回到呼吸上面，抹杀她的情绪。然而在她运用了一些练习方法来学着与她的情绪和平共处之后，她觉得自己更轻松、更有活力了。

小结

本章探索了我们应该如何与自己的思想相处，以及我们同思想之间的挣扎和对其所做的判断给我们带来了怎样的困难。同时还审视了有觉知的意识可以怎样帮助我们放弃这场斗争，并且将它们视为头脑中的事件而已。在日常生活中持续进行正式的正念冥想练习和非正式的正念练习，你就可以培养出一个对自己的想法毫无偏见的、开放的意识，这就剥夺了"讨好型思维"控制你的权力。通过这种方式，你可以把自己从长期讨好型的被动反应中解放出来，拥有更多的行为选择。记住，耐心和无为可以帮助你保持持续练习的状态，使你提升寻找一个独立视角的能力。

第七章

SEVEN / 接纳自己的不完美

　　当你发现自己在寻求别人的认可时，深吸一口气，记住你的讨好行为习惯来自于希望帮助自己快乐和自由的渴望；同时也要放弃因为这些习惯性的行为和思维方式而产生的责备或者自我判断。

不管你如何称呼它——叫它基督般的本性也好，佛性或者内在之善也罢，你身上本就具有爱的本性，它就在那里——即便它像被雾霭遮蔽了一般若隐若现、似有似无。讨好型人格就像这层荫蔽，由于长年累月地关注他人，压制自己的智慧、情感和深层价值，从而遮住了你自身真正的光芒。当你明白自己体内有爱，一些讨好型人格就会烟消云散，使你能够直接看到并体察自己的内在之善。这样一来，可以使得伤口得到疗愈，而正是这个伤口妨碍到了你体验内在之善。

　　这一章探讨了你该如何与自己的内在之善重新建立连接。如果你浇灌体内爱的种子，你就会更好地接纳你自己本来的样子，接纳种种不完美和所有特质，而这恰恰是你在之前没能做到的事。当你对自己有了一个更加灵活的认知，你会愈发感觉心安，感到更加满足，少了很多恐惧。此外你会有更强的归属感，能够对别人敞开心扉、真诚以待。

　　在这一章里，你将会学到慈心冥想。慈心冥想，再结合你之前一直在坚持的正念冥想练习，帮你重新发现存在于你体内的爱和善；而这种爱与善，不管别人爱不爱你，是否认可你，都将保持不变。这些练习将为你驱散遮蔽爱和善的阴霾，你终于可以找到回家的路了。

我们都有与生俱来的内在之善

每个人都有天生的内在之善——记住，是每个人！——并且与这种内在之善建立连接将会使人宛若重生。想想根据真实故事改编的电影《死囚漫步》（*Dead Man Walking*）吧，在电影中，死刑犯马修·庞谢特（Matthew Poncelet）与天主教修女普雷金（Sister Prejean）建立了一段深厚且具有疗愈功效的精神友谊。在电影的结尾，马修在经过长时间的内心挣扎之后，面对自己曾经犯下的恐怖罪行，终于意识到：即使自己这种罪孽深重的人同样也是上帝的子民，具有内在之善。认识到这一点之后，他整个人就变了。突然之间，马修的面部表情变得柔和而快乐，整个人不再僵硬、愤怒、充满敌意以及浑身戒备。看到马修彻底改变以后，看过电影的大部分观众也同样改变了自己的言行举止。

慈心冥想练习可以帮助你培养这种意识，认识到自己也拥有内在之善，认识到它与生俱来、时刻都在，哪怕有时候它仿佛被埋没了或者不存在一般。即使在你的成长过程中没有人告诉你自身也拥有爱，你自己也可以教给自己认识到内在之善。一旦有了这种认知，你就能以更乐观的心态拥抱生活，接纳自己本真的样子，与他人建立更深切的连接感，行为更加果断、更具目的性，在照顾自己和照顾他人之间找到平衡。同正念的其他方法一样，这种变化也是循序渐进的，并将随着专门的练习而不断增强。

非正式练习：提醒自己你的内在之善

在你感到陷入长期寻求认可的行为怪圈时，要提醒自己你拥有的远不止于此：你有自己的社会价值和自我价值，拥有自己的内在之善，而这些和任何讨好他人的努力全然无关。这是馈赠给自己的一份礼物，这是你在孩提时代就需要的东西。即使你起初对此不置可否，也还是要不断提醒自己这一点。这样做的目的是帮你建立善待自己和疗愈自己的心态。

挖掘你的真实本性并非自私

要知道挖掘你的真实本性并不是任性或自私，理解这一点很重要。事实上，面对真实的自己就会减少以自我为中心的概率，接纳自己的缺陷，这将有助于你体验别人的内在之善，接受他们和他们的弱点。当你意识到每个人都拥有这份与生俱来的内在之善时，你会觉得自己融入了一个更伟大的事物之中。此外，当你因为清楚自己是谁而获得安全感时，你就不会再像之前一样那么依赖别人，因为你知道你自己可以满足自己的需要。

超越判断以外的真相

正念练习对于与内在之善建立连接非常重要，它可以帮你超越你的判断以及对自己的认知。当你能够通过头脑中的相关事件，培养出一个独立的视角来审视自己的思想和判断，你就会发现你看待自己的想法和你本来的样子无关。这使你能够更加温和地看待自己，提升对自己本真的接纳程度：你的怪癖、你的特质、你的情绪，以及被长期讨好型人格遮蔽的一切，包括你的内在之善。随着你能够更加柔软灵活地看待自己，你就不会再那么充满敌意和戒备，能更好地融入生活，顺其自然。

假设在帮过一个朋友之后，你认为你做得不够。这种认识隐含了一种判断（我做得不够），但此外，你很可能还会自我评价（我是一个坏朋友，或者我太懒惰，又或者我不是一个有爱心的人）。然而，这些判断仅仅只是头脑中发生的事件，它们并不能表明你是一个怎样的人。一旦从这种角度认识自己的想法，以更为灵活的态度对待自己，你就可以给予自己更多的宽容和接纳，而不是暗自在内心堆积很多羞愧和无价值感。你自己本身与你对自己的判断是有所出入的：明白这一点，可以帮你释怀。

非正式练习：注意自我判断

你可以在任何时候深深地吸一口气，注意你是否在判断自己。如果确实如此，那么能放手是最好的。也要放弃对自己做出判断。定期做这个非正式练习可以帮你更清楚地认清自己真正的本性，并更加慈悲地对待自己。

真正的本性和真实意图

通过持续的正念练习和慈心冥想，我们发现，在内心深处我们都深深地渴望让自己快乐起来，远离痛苦。此外，我们发现这些渴望是我们做所有事情的基础。懂得了这一点以后，我们就朝着自己的内心之善又迈进了一步。

在我的生命中，我曾做过多次无意识的、痛苦的选择：其中之一就是决定在 18 岁的时候结婚。这段婚姻解体之后，我对自己匆忙走入一段婚姻感到愤懑。在正念治疗课上，经过一位熟练的治疗师满怀爱意的治疗，我意识到当时做这个决定的原因是我置身于恶劣的环境之中，渴望以此来寻求爱。我还明白，我之所以这么早结婚，是因为害怕如果我当时不嫁给我的未婚夫，我就会失去他。此外，我明白这一决定的核心是出于对被爱和免于痛苦的渴望——明白了这一点，我感到很释然，从而原谅了自己当年的决定。

正如本书所讨论的，很多时候我们应对不被爱的恐惧方法有误，这些方式会带来巨大的痛苦，就像我年纪轻轻就匆忙决定结婚一样。在孩童时代，我们学会了应对这些问题的错误策略，比如当我们不想要时却说"好"，不敢面对真实的自己，试图以此来适应环境，又或者是隐藏自己的情绪。它们在我们内心深处根深蒂固，从而使我们无法有意识地思考、感受或者行事。有时即使我们能意识到这些应对机制的存在，但是这些机制背后的动机太强大了，所以即使它与我们的意愿相左，我们还是会本能地转向它们。然而，这些应对策略的存在不是我们的错，它们只是无意识的、根深蒂固的反应。

改变这些习惯会很困难，但并非不可能。当你发现自己在寻求别人的认可时，深吸一口气，记住你的讨好行为习惯来自于希望帮助自己快乐以及对自由的渴望；同时也要放弃因为这些习惯性的行为和思维方式而产生的责备或者自我判断；这可以帮你治愈那些诱发种种困难的伤口。心理学家塔拉·布莱克（Tara Brach）是一位华盛顿特区的正念教师，她说原谅自己和释放敷衍他人后的内疚对于治疗核心伤口至关重要，因为这是应对策略产生的源头。正念练习帮助我们培养意识、耐心和同情心，而这些特质正是我们要去了解并放弃我们的评判思想所需要的，一次又一次地原谅自己，并且告诉自己：

你很善良。通过这些方面的练习，可以帮助我们逐渐找回我们自己。

反思：创造爱的意图

用 5 到 10 分钟的时间练习一下呼吸和身体的正念，来感受当下。在你感到安全时，陈述一个或几个对自己的关爱的意图。例如，我的一个客户告诉我，她的意图就是为自己善良温和的性格深以为傲；另一个客户说她的意图是尊重和信任她内心的智慧。你的意图是什么呢？用几分钟去探索一下自己的意图，并把它们写在日记里。

非正式练习：提醒自己爱的意图

在一整天的时间里，时刻提醒自己要在日记里写下爱的意图。这些提示可以帮你更频繁地做出选择，温柔地对待自己。

非正式练习：提醒你自己最深的意图

当你发现自己陷入了讨好型行为模式中并试图停止的时候，你可能会对自己感到沮丧或生气。承认这种感觉，让事情顺其自然地发生，然后告诉自己这些行为背后更深层的原因在于寻找幸福和免于痛苦。这可能不会使你对自己太过苛刻。

慈心冥想

考虑到与长期寻求认可有关的恐惧感和无价值感的强大影响，你可以用极大的善意来安慰自己。以正念作为基础的慈心冥想可以给你提供这种善意。用畅销书作家、著名的冥想教师莎伦·扎尔茨贝格（Sharon Salzberg）的话来说，仁慈心就是一种"能接纳自己所有的一切，以及整个世界的能力"。

仁慈心首先可以用来将爱和友善施及自身，然后也可以这样对待他人。因为习惯性讨好他人的人通常将注意力锁定在别人身上，所以这本书的目的主要是帮你把慈心集中关注在我们自身上面。

慈心冥想可以以正式和非正式的方式进行练习。正式练习包括在静坐或行走冥想时重复祝福；非正式练习包括在白天对自己重复那些祝福的语句，或者只是召唤仁慈之心，特别是当困难出现的时候。在一天中，你也可以通过提醒自己对爱和善良的意图来培养仁慈之心。

在佛教传统中，慈心冥想最早是介绍给僧侣使用的，用来应对他们在一个黑暗的、恐怖的森林中反思时产生的恐惧。根据这个故事，当你感到害怕，或因为你认为有人不喜欢你或不爱你而感到焦虑时，在体内聚集仁慈的力量会有意义。此外，仁慈心也可以帮助引导通常由正念培养出来的接纳的态度。这种接纳的品质使得心灵足够敞亮，可堪以仁慈心面对所有的生命。在心理治疗师和正念教师西尔维娅·布尔斯特恩（Sylvia Boorstein）的书《快乐是一项内部工作》（*Happiness Is an Inside Job*）中，她将仁慈心比作"心灵的甜味剂"。

在我们的社会中，大部分时间里爱都是一种基于某些条件得到满足的情况。例如，如果你的伴侣买了一个昂贵的东西回家，但事先却没有征求你的意见，你可能会在很长一段时间里都对他态度冷淡。在我们这种有讨好倾向的人中，许多人都有过这种体验：如果我们没有满足父母的期望，他们就会收回爱的表示。相反，仁慈之爱是无偿和无条件给予的。事实上，在完整的实践中，仁慈之爱最终会延及到"难以相处的人"，或是与你存在冲突的人那里。你可能会怀疑，是否真的可以把这个无条件的爱给予你自己和他人。试着放弃判断，先静观其变，这需要耐心和时间。当你坚持练习慈心冥想时，你会体会到自己真的可以无条件地去爱人。

给你的花园浇水

有些人把慈心冥想比作给花园里的种子浇水——这里指的是无条件的爱的种子。严厉的苛责、感觉自己一无是处和长期关注外界，则是这个花园中生长的杂草。在我的想象中，讨好型人格就像是一座花园，在那里，杂草被人灌溉，而慈心的种子却已干枯。

当你给已然存在于体内的慈心的种子浇水时，你就在培育一种让你的爱得以成长的能力，并最终让它开花结果。然而，所有的种子都需要时间和照料才能发芽、开花和结果，但是过于关注最终产品是徒劳的。记住，你只需给种子浇水即可，时间一到它们自会开花结果。

另外请注意，在慈心冥想期间，没有什么特别的事情需要让它发生，包括一个特别的感受方式。事实上，在练习的时候最好什么都不要期待，只是专注于给种子浇水这一简单动作即可。

多年来你已习惯了过于关注别人的需求，你可能会觉得直接爱自己很自私、很难。在你练习慈心冥想的时候，你可能还会发现其间也会产生无价值感、愤怒或内疚。对那些复杂的情绪，只是抱以仁慈即可。

在本章的后面，我们将讨论如何处理在慈心冥想中出现的消极思想，并对其抱以友善的态度。就目前而言，你要始终告诉自己爱的力量是无法被战胜的。

正式练习：慈心冥想

为这项练习留出 20 分钟左右的时间，找一个安静、舒适的地方坐下来。在正式开始冥想之前，你会发现获取一种爱的感觉会对营造气氛有所帮助。你可能会抚摸你的宠物、听音乐或读诗歌，或者回想一个你真切地感受过爱的特殊时刻。虽然这不是必需的，但它有时很有用。

首先练习几分钟的正念呼吸。当你感觉心情安静下来了，提醒自己要帮助自己摆脱痛苦。

回想一个生命，如一个人或者是什么别的，他/她会让你笑，你也爱他/她。如果你想不出有这样一个人，你可以想象一个你不认识但是认为他/她是象征着爱的人，也许是耶稣、圣雄甘地、特蕾莎修女或马丁·路德·金，想象着他/她此时正与你同在，让自己感觉到对方的存在。注意在体内会产生的感觉，也许是一种轻盈的感觉或者是一颗喜悦的心。怀着爱意去看待这个特殊的人。坐一会儿，尽情沉浸在这个想象的意境中。

现在把爱的眼光转向你自己。当你这样做时，注意你的感受，记住没有什么是特别需要让它发生的。只是注意一下发生在你身上的任何事情。你在浇灌对自己的爱的种子，而不是试图强迫它们立刻发芽或开花。

静静地重复以下语句，表达对自己的祝福，大约15分钟或者任意时间均可。在你说这些语句的时候，试着用温柔和善的方式说话：

愿我可以不必遭受恐惧和痛苦。

愿我身体康健。

愿我精神健康。

愿我可以幸福，拥有真正的自由。

在这个练习中，你可能会体验到各种各样的情绪。用觉知、爱和善良去回应所有的情绪。在你重复这些语句的时候，检查一下你的情绪。试着承认它们，允许它们在场。如果你发现无法向自己表达友善之情，可以首先向你爱的人表达，然后再转回你自己身上。

你可能会注意到一个强烈的愿望：想要获取一种与爱同在的感觉，这没有什么问题。当这个愿望出现时，注意到它，然后放弃要实现些什么的努力。你可能会提醒自己，仁慈的种子已经在那里了，它们正等待着你去浇灌。你不需要让它们立刻发芽、开花和结果。

如果你确实能感受到对自己的爱和友善，尽情地享受这种感觉吧，同时也允许它来来去去，兴衰起伏。只是欣然地去接受它们，而不要试图保持这种情绪，或者试图让这种感觉更深刻。只是让这种感觉存在，而不要对其恋恋不舍。在体验爱的过程中，你可能不再使用语言，只是简单地用必要的感想传达出"自由""幸福""爱"和"快乐"。在爱的感觉减弱以后，你可以恢复使用语言。

不管你拥有什么样的体验，善待自己非常有用。静静地坐在那里，重复这些祝福的语句时，你常常会感到厌倦，这种情况一点也不稀奇。当发生这种情况时，承认"练习让人百无聊赖"这一想法，为自己感到无聊并抱以同情。提醒自己，每个人都有这样的想法和感受，然后转回到你的语句上。这里的关键是，即使出现不愉快的感觉时，你也可以培养仁慈之心。

无价值感、愤怒或仇恨的想法和情绪可能会出现。它们也并不少见，你也可以用善意来对待和处理。试着对其抱以开放的心态，允许这种情绪存在。一个选择是承认这些情绪和想法，然后再简单地返回语句。或者，你可以因为情绪消极而向自己表达祝福，或者对无价值感、愤怒或仇恨的感觉抱以善意，仿佛它们是另外一个人一样，从而将仁慈之心灌输到体验之中。然而另一个选择是想象你体内充满愤怒或仇恨的部分，并向那一特殊的部分讲述那些祝福的语句。有些人把感觉受伤的这一部分想象成年轻的自己的一部分，需要柔声予以抚慰。所有这些方法都为你提供了一个在身处困境时爱自己的机会。

非正式练习：像迎接朋友一样迎接这个时刻

在任何时候，在任何情况下，你都可以重复这些短语，正如西尔维娅·布尔斯特恩所建议的那样："愿我能充分迎接这一刻。

愿我能像迎接朋友一样欢迎它。"在你发现自己深陷于寻求外界认可的困境时，不管你是否在用行动讨好别人或只是注意到自己有这种想去讨好的冲动，这一点都可能会特别有用。

‖ 玛德琳的故事

还记得玛德琳吗？她痛苦的童年经历中充满了虐待和忽视，其间还经历了她妈妈的自杀事件。通往疗愈的部分历程是在一次慈心静修会上发生的。玛德琳告诉我，她发现自己曾经像个"死神"，扼杀了许多出现在她生命中的爱，只是因为感觉这些爱不够好。她一直都在寻找母亲，她生命中遇到的那些爱都无法满足她这个愿望。

她坐在那里，回想自认为一生中所犯下的种种错误：她一次又一次拒绝了那些潜在的爱，她感受着自己的感受，只是一再重复：事实就是如此。这就开启了接纳之门。她还意识到，在她所有行为的背后意图中，包括错误，都有高度适应性，这使她给了自己某种程度的宽恕。

这时，她想起了这次静修会的目的：浇灌仁慈之心的种子。她又想起那些语句："愿我心生宁静。愿我体内的每一个细胞都能感受到爱。愿我可以认识到自己光芒四射的、真正的本性。愿我能得到快乐和真正的自由。"虽然她不认为自己体内真的存在仁慈的种子，但她还是坚持说下去。

　　然后她想到她唯一真正想要的可以用一句话做结尾："愿我可以找到回家的路。"她从来没有拥有过一个她所渴望的家，玛德琳曾幻想着有一个理想的家会是一种什么感觉。对玛德琳来说，家就是可以为她提供无条件的爱的地方：在那里，她离开之后有人会想她，有人会珍视和欣赏她；在那里，她可以摘下面具，只是做回自己。玛德琳一遍又一遍地对自己说：愿我可以找到回家的路。愿我可以找到回家的路。愿我可以找到回家的路。

　　在她敞开心扉面对想要回家的渴望时，她体会到了一个精心设计的场景。她看到自己坐在一片白杨树林中，之后这片树林化作一个躺椅让她可以躺在上面。她坐在椅子上，微风和煦，椅子轻轻摇荡，金黄色的白杨树叶在她身边飘落。她坐在那里，想着经过一生的失眠和高度警觉之后，她感到很安全，终于可以安然入睡了。在她安顿下来的时候，体内的每一个细胞都好似回家了，她流下了轻松感激的泪水。

　　这一深刻的疗愈场景正是玛德琳长期练习正念和慈心冥想的结果。这得益于她的意愿，她愿意只是简单地观察她的体验，并且让练习去改变她。当她准许自己寂静和沉默，玛德琳意识到直面自己那些被虐待和被忽视的痛苦经历，最后会成全她的救赎。直面对家庭的深度渴望让她发现，她从来都没有对此怀疑过。在静修会之后，她说："寻找我的需求这一抽象的想法满足了内在的自己，这个想法对我来说从未如此地有意义，它变成了一个具体的体验。涌现出来的这一强烈情绪，让我绝不会忘记这个强烈的身体体验。"

爱的手

玛德琳的体验是深刻的，这也肯定了我们的内在之善。经过多年的正念冥想练习，我把一整年的时间都用来练习慈心正念上。这是一个可爱的归家之旅。时光荏苒，我在生活中更能够安住在当下，变得更加宽容和接纳。我感觉心情舒畅多了，自我批评也不再那么频繁和激烈了。当然，也有很多时候仁慈之心悄然离开，但它逐渐变得更容易与心灵中爱的本性以及我的真正本性产生对接。我现在能意识到它就在那里，一直像一个老朋友一样等着我。

在那一年，我体会到了许多微妙的、美妙的小惊喜。有一个有趣的例子：有时我觉得身体病了，同时情绪也会很低落，更容易发怒和自我批评。有一天我特别忙，嗓子疼，还发烧了。我忧心忡忡地回到家，担心自己第二天可能会生病。在我上床睡觉时，我侧身躺着，注意到我放在枕头上的手，大拇指蜷缩进了拳头里。我的手边看起来像一个小口，就像手偶人物约翰尼（Johnny）一样，这是卡萨尔斯先生（Señor Wences）在 20 世纪 50 年代创作的节目，是《艾德·苏利文秀》（*The Ed Sullivan Show*）的特色节目。想到这个意外的发现，我笑了。我继续看着我的手，约翰尼，一个小小的手偶，似乎说出了我自发的想法：你会好起来的。今天是过得很艰难，但是别担心。这个声音很善良、很真诚，而不是像过去一样充满讽刺和谴责。我终于可以安然入睡了。

反思：创建个性化的仁慈语句

在你练习慈心冥想的时候，你可能会觉得某些词甚至整个语句都不太适合你。你可以把它们改编成适合你自身情况的说法。只是注意不要变动得过于频繁，因为语句一致有助于集中精力，这对任何冥想都有帮助。在你创建祝福语时，考虑一下自己的需求，以便为你的生活增添更多的心意和意义。如果你选择创建一个属于你自己的声明，要想出一个能减轻你的痛苦、支持你的主要意图的语句。像玛德琳一样，在创建仁慈语句的时候，不要过于依赖你的头脑，要更加依赖你的心灵。

这里有一个例子，可以证明稍微改变你的冥想语句可能会有所助益。如果无价值感是一个困扰你的很大问题，你可能会发现使用短语如"愿我可以直面我真实、光芒四射的本性"或"愿我能够接受自己本真的样子"会令你感到安慰。

你可以思考以下这些语句。我拿它们作为例子，并不是说它们对你来说就是正确的。你可以用，也可以不用。你可以试着对自己默默地说，默默地听，看看它们能否走入你的心灵。如果没用的话，就用你的直觉来创建一些你自己适用的短语。

- 愿我可以摆脱恐惧。

- 愿我可以感到安全，免受伤害。

- 愿我可以接纳我自己本真的样子。

- 愿我身体康健，精神安宁。

- 愿我可以摆脱精神痛苦。

- 愿我可以免受身体之痛。

- 愿我可以在生活中找到平衡和安逸。

- 愿我可以充满仁慈之心。

- 愿我可以活在当下，感受真正的自由。

- 愿我体内每个细胞都可以感受到爱。

- 愿我可以敞开心扉，接纳我的体验。

- 愿我可以得到安宁。

- 愿我的心是开放的和自由的。

　　如果有三到五个语句适合你的话，把它们写下来，记在你的日记里。如果你愿意，也可以把它们写在其他地方，把它们记在你的智能手机里作为一个提示，或者把它们打印在一张美丽的纸上。你可能很快会记住它们，但同时你可能希望它们在你冥想的地方或者无论任何你需要它们的地方触手可及。

反思：探索你的内在之善

用几分钟的时间练习一下正念呼吸，轻轻地安顿下来。然后用一些时间来反思你的慈心冥想和你练习本章的体验。注意你的思想、情绪和身体的感觉。让这些体验自然而然地涌现出来，只是注意你体内产生的任意感觉。在你准备好以后，把自己对于慈心冥想的一些想法和情绪写在日记里。

非正式练习：在日常活动中练习慈心冥想

在一天中的任何时候，在进行日常活动的时候，都说一下这些慈心冥想的语句。在日复一日的生活中，在你将慈心冥想应用在自己身上时，体会一下自己的感觉。

小结

通过正念和慈心冥想，我们可以直面我们体内与生俱来的内在之善，沿着愈合童年创伤——这正是引发了讨好的诱因——之路大踏步前进。我们带着耐心和毅力给予自己更多的爱和接纳，并且认识到我们自身已然拥有我们所需要的。我们会变得不那么恐惧，敢于摘下长期佩戴的与人为善的面具，放弃讨好别人的努力，让自己尽力去爱，并与他人建立真诚的连接，让别人看到摘下面具之后的我们。我们也在尽力扩展自己在需要的时候说"不"的能力，也能友善地处理与别人的冲突。

第八章

EIGHT / 与自己的情绪和睦相处

　　所有的情绪都有积极的、自适应的特点，这可以帮我们认识和关照我们的需求。例如，愤怒也许是告诉我们自己被伤害或被侵犯了，也许是告诉我们应该纠正错误或者学会表达自己。

观察一个婴儿一段时间，他／她将向你展示什么是自然的情绪。例如，在一个婴儿醒来的时候，他／她先是呜咽，然后会啼哭，继而可能会愤怒地哇哇大哭，以此来引起照看者的注意，而啼哭的愤怒程度取决于他／她身处的情况，以及他／她的照看者什么时候会过来照料他／她。我们都有与生俱来的情绪，有时只是了解了这一点，就可以帮助我们少做判断，并且放弃与之斗争。

情绪给生命注入了活力，提醒我们什么是生命中重要的事情。在我们看到一个婴儿，或者是听到好消息的时候，我们就会感到快乐。当我们感到自己一直在被虐待，我们就会感到愤怒。如果我们没有情绪的话，生活将会变得沉闷无趣，我们就会活得像行尸走肉一般。

尽管情绪让生活丰富多彩，但我们仍试图通过切断痛苦的情绪来对感觉不到爱和感觉不值得人爱的伤口，连同它所引起的讨好行为习惯做出反应，这也是可以理解的。我们通过看电视、吃东西、喝酒或者上网等活动来转移我们的注意力，从而减轻痛苦。我们可能会抱怨别人伤害了我们，而不是关注我们对内心的感觉。我们经常会对痛苦的情绪做出条件反射式的反应，以至于我们会自动地完全否认它们的存在。虽然这一目的是为了保护自己，但与情绪做抗争实际上给情绪增添了更多痛苦。

在本章中你将发现，正念课程——带着觉知、放弃自动驾驶（autopilot）模式①、放弃判断和先入为主的想法、让事情顺其自然，并通过友善的眼睛来看待事物——可以帮你以一种截然不同的方式对待你的情绪。把这些品质带到情绪之中，可以帮助我们带着友善、开放的心态和怜悯之心面对它们。

当我们带着同情心观照情绪时，我们就朝着疗愈童年创伤之路迈出了一大步。坦诚地面对我们对于爱的渴求和想要被爱这一弱点，使得我们能够敞开心扉面对我们一直以来都在生命中找寻的爱。以极大的同情迎接这些爱以及我们所有的情绪，就为在动荡之中创造安宁制造了条件，这很像一个慈爱的母亲抚慰一个受苦的孩子，让我们可以更有意和更理智地采取行动，而不是受制于情绪。

善待你的情绪

在外部世界中，我们倾向于转向我们的朋友，从我们的敌人

① 译者注：autopilot 这个词在航空术语里就是自动驾驶的意思，心理学家把这个词拿过来形容我们的惯性思维和行为的模式。

身边逃走。善待我们的情绪可以帮助我们转向体验的真相，而不是从它们身边逃开。它还可以帮助我们与所有出现的事物同在，即使是那些对我们的情绪并不利的事物。

关于情绪的信念

探索我们对于情绪的想法，以及我们如何对待它们，这两点对与情绪和平相处来说是很重要的。在应对童年创伤方面，也许是因为相信它们会给予我们太多伤害，我们倾向于切断自己与情绪之间的连接。此外，许多人被灌输了一种想法：某些情绪是不好的、是无法忍受的，或者不应该被感受到、被承认，或者被表达出来。"别哭了，不然我会让你哭得更凶"就是这样一种说法，它让许多孩子抑制或否认自己的情绪，并且让他们知道关注情绪并不会带来任何好的结果。此外，如果一个孩子在表达情绪时没有得到支持，他们就会产生一种孤独感，感觉自己无法忍受情绪的困扰。所有这些信念都影响我们如何对待自己的情绪，会带来所有潜在的深层精神痛苦。

‖ 是好是坏？不知道

我们会判断事情是好是坏，因此很难放弃与情绪之间的抗争。情绪既不好也不坏。如果我们用开放的心态来面对它们，我们就可以从中学到很多。有一个古老的故事可以说明这一点：中国古代有一位睿智的老农，有一次他家有一匹珍贵的种马冲破畜栏逃走了。他的邻居说："哦，这太可怕了。"那个老人温和地说："也许是，也许不是。谁知道呢？"过了几个月，那匹马带着一群野生的母马回来了。邻居前来祝贺："这太棒了。"那个老人又说："真的不知道。"有一次他的儿子在骑马的时候，从马上掉下来，摔得大腿骨折。邻居说："哦，这太可怕了。"那个老人又和善地说："不知道。"后来，他的儿子因为腿疾而免于征战，邻居又说："这太棒了。" 老人还是说："也许是，也许不是。谁知道呢？"

像那位老农一样，如果我们对自己的经历——包括我们的情绪在内——都抱有一种开放的、无偏见的心态的话，我们就会发现我们真的不知道它们是否是坏的、无用的、压倒性的，或者其他我们所认为的情况。正如那位老农一样，我们可能会发现保持开放无偏见的态度可以帮我们更轻松地处理我们自身的情绪。

‖一切都变了

许多客户来找我的时候都持有一种信念，认为如果他们直面一种强烈的、艰难的情绪，它就永远不会改变或结束，甚至可能会压垮或杀死他们。要知道，"情绪是暂时的"认知可以帮你友善地对待它们。通过正念练习，你就会对"一切都是暂时的"获得一个深刻的亲身体验，包括情绪在内。这一理解将使情绪更容易来来去去，不与其进行抗争，能让你更为轻松自在地对待情绪上的痛苦。

对待情绪的意图

为了与我们的情绪和睦相处，《借由负面情绪的疗愈：悲伤、恐惧和绝望的智慧》（*Healing through the Dark Emotions: The Wisdom of Grief, Fear, and Despair*）一书的作者米里亚姆·格林斯潘（Miriam Greenspan）建议审视一下对待它们的意图。大多数人，包括讨好别人的人，都意在消除困难的情绪。相反，格林斯潘建议设立一个意图，以便运用情绪来达到治疗的目的。如果我们注意自己的情绪，肯定它们传递的智慧，我们就可以培养出一种友善和接纳的态度来对待它们。

如果多年来你都在压抑自己的情绪，你可能会疑惑从与讨好行为习惯有关的痛苦情绪中可以学到什么样的智慧。心理健康专家认为所有的情绪都有积极的、自适应的特点，这可以帮我们认识和关照我们的需求。例如，愤怒也许是告诉我们自己被伤害或被侵犯了，也许是告诉我们应该纠正错误或者学会表达自己。

然而，情绪会感到困惑。要想了解它们告诉了我们什么内容，最好的办法就是敞开心扉去倾听。虽然明白为什么我们会有这种感觉可能会有所帮助，但这并非总是必要的。其实，理智地审视我们的情绪可能对我们来说并不是一个很好的选择。有时，我们越是试图梳理我们的情绪，我们就越会在头脑中不停地对其进行演绎，从而引发更多的焦虑。因此，这项工作仅仅是对所发生事情的一个有同情心的见证。友善地对待情绪这一过程可以帮我们做到这一点。

反思：探索你对于情绪的信念

用几分钟的时间练习一下正念呼吸，轻轻地安顿下来。然后反思一下你对于情绪的信念。在早期的生活中，你从情绪中学到了什么？你是否学着相信它们是好的或是坏的？在你体验或表达情绪时，你是否认识到自己的情绪是不好的？如果你让自己感受情绪，你认为将会发生什么？你会以何种方式与它们进行抗争？静坐一段时间，注意在反思中出现的想法，并把这些想法写在日记里。

通过几分钟的正念呼吸，让自己安顿下来。然后再考虑一下你是否想相信你的情绪。你是否想相信你无须与之斗争，相信你可以从中解脱出来；或者，它们也可以对你有所帮助？就你的情绪方面制订一些目标：比如直面它们，向它们学习。制订一个目

149

标：利用情绪来治疗，感觉会怎么样？并把这些思考写在你的日记里。

认可情绪

友善地对待情绪的一个重要的步骤是有意识地承认它们的存在。假设你为别人对你的看法感到焦虑，如果你不能有意识地对待这种情绪，你就会变成焦虑的囚犯，会对此自动地做出反应。经过正念练习之后，你会懂得停下来，深深地吸一口气，对自己说"焦虑在这里"，可以帮你从当下抽离出来，意识到正在发生的事情。这种简单的认知在友善地对待你的情绪的过程中很重要，让你可以更为自由和理智地做出回应，而不必像之前一样是出于自己的想法和情绪而做出被动的反应。你在这样做的时候，请给自己多一些耐心。要培养出与情绪的这种关系需要一些时日，甚至还需要练习，有时你的情绪仍然在暗流涌动，还是会引起被动反应。这是人性的一部分。

非正式练习：认可情绪，给情绪贴标签

用一整天的时间，通过有意识的呼吸和关注你的情绪来审视一下你自己。如果存在一种情绪，那就承认它，给它贴一个标签。例如，只是告诉自己"怨恨在这里"或"焦虑在这里"。此外，

建议你可以用一行禅师推荐的方法怀着善意来对待这种情绪以及恐惧。例如你可以说："你好，恐惧。你今天好吗？"

在我的正念课堂上，我给我的学生们布置了一个作业，让他们连续一个星期做这项非正式练习。许多学生都带回了相同的体验：当他们承认情绪，给它贴上一个标签之后，这种情绪会有所缓和乃至消失不见：这很可能是因为他们暂时不再因情绪而苦苦挣扎。

但是，请明白，这种做法的目的并非是要使情绪消失不见，而是要以更巧妙的方式对待它们。如果我们培养出一种慈爱的情绪来识别、接纳和欢迎它们，我们就可以让它们通过我们体内，并从中学习。如果我们这样做有困难，我们就要对自己抱以更大程度的接纳。

放弃与情绪做斗争

当我们不敢直面情绪时，我们从孩提时代就感受到的不被接受的感觉就愈加明显了。我们无数次地放弃自己，不断地背离我们的内在之善和智慧。幸运的是，我们可以通过承认、定义和友善地对待我们所有的情绪——愉快的和痛苦的——来审慎地扭转这种破坏性的循环模式。

在产生一种消极情绪时，你可能会紧张起来，会想"这种想法是不对的""我受不了这个""抓住窍门"或者"为什么你就不能快乐起来"。而在天平的另一端，你可能想要坚持自己的怒意，这样别人最终会意识到他们应该欣赏你，你是这样想的："我会让他知道厉害"，或者"他会后悔的"。无论采用哪种方式，这种抗争都给已然困难的局面增添困境。正念可以帮你意识到这场斗争，包括你对情绪的判断，以及因自己拥有这些情绪而对自己产生的想法。

通过辨别和允许情绪在场，你就可以不必在现有的痛苦之上平添更多的痛苦。很多人说当困难的情绪涌现出来的时候，他们会对自己感到焦虑或愤怒，然后他们试图说服自己摆脱当卜的情绪，但是如果碰壁的话，只会体验到更多的焦虑。在他们继续分析和评判整个过程的时候，戏剧仍在进行，并且只有在他们把注意力转到别处之后，这出戏剧才能结束。在讨好型行为模式中，我们可能会通过关注他人的需要来转移自己的注意力。然而，正如前面所讨论的那样，这只会使讨好循环模式加剧。此外，它还使我们无法了解到情绪试图传达给我们的有价值的信息。

当你逐渐停止试图压制、否认或者给你的情绪赋能授权，你就可以对你自己产生一种同情心而不是愤怒或者失望，即使在你挣扎着让情绪在场的时候。使用这种方法，情绪更容易来来去去，而不是逐渐累积或者整天徘徊不去。这可以让生活更加平和安宁，也可以允许你更为娴熟地应对导致情绪出现的情况。比如说，你可以不必撤回或者咽下怨恨，就像那些惯于讨好别人的人经常做的那样，你能够直面情绪，然后随着情绪稳定下来之后，可以更为果决但不失友善地说出自己的关切。

以觉知和同情面对痛苦的情绪，是一种积极、勇敢的反应，尤其是在这么多年一直都在抑制情绪的情况下。与情绪斗争需要耗费许多能量，所以宽容是一种聪明地利用能量的方式。正念练习可以帮助你直面自己的情绪，对它进行安抚，因而你得以更娴熟地与之沟通，更理智地采取行动。然而，请记住，友善地对待情绪是一个循序渐进的过程，其间需要付出耐心，还要不断进行练习。

你可能会发现，和大多数人一样，随着你的正念练习不断深入，你就会意识到普遍存在的不悦和不满都是源自于一个持续不断的渴望，渴望事物并非它本真的样子。通过正念练习，你会意识到那些不愉快的时刻的存在，放弃与之进行抗争。通常，你可能会发现现在这样其实也并无不妥。这种觉知能够解决许多情绪问题，在当下为你带来清晰的思维、平衡感和欢乐的可能性。

同样地，你可能只是出于习惯才认为自己一无是处，然后将几乎所有事情都看成是对你的无价值感的确认。这让你无法看到和体验你如此渴望的爱意——其实爱已然存在了——从而对生活普遍感到不满，充满悲伤。正念将帮助你与情绪长久同在，久到足以将无价值感只是看成是一个习惯，而不是当作对当下所发生的事情的真实反应，或者评判你到底是谁的依据。

非正式练习：在被情绪严重困扰时，让自己踏实下来

在你被情绪折磨得不胜其烦时，给自己一种清晰的认知，让自己意识到自己正身处当下。如果你正在喝水，在手触到水瓶的时候，注意你手中的感觉，注意另一只手拧开瓶盖的感觉，然后再注意把水瓶放到嘴边的感觉。观察一下任何游移的想法，重新转回关注嘴唇碰触到瓶口的感觉和水在口中的感觉，诸如此类。这可以帮你踏实下来，让你有可能直面艰难的情绪，更为娴熟地处理它。记住，这种练习只是在你觉得难过的时候踏实下来，并没有消除这些情绪。

反思：探索那些不被重视的情绪

在讨好型行为模式中，拒绝和抑制情绪都有着重要的作用，因此要直面这些不被重视的情绪至关重要。一连几天，情绪在白天出现的时候，注意观察它们，然后试着练习识别和认可它们。每天晚上都反思一下你在白天的体验，还有就是那些你没有体验到的情绪。然后花一些时间把未被认可、不受重视的情绪写在你

的日记里。这可能会帮助你了解在你的情感生活中需要注意的地方。当你继续练习正念的时候，你的情绪可能会变得更加明显，给你一个机会让你对它们表示友善，即使被你从意识中自动剔除的情绪也包括在内。

把它们汇聚在一起：瑞恩法则（RAIN）

正念教师米歇尔·麦克唐纳（Michele McDonald）创立了一个包含四个步骤的程序，其中包括了对待上述情绪的方法，这种方法可以缩略成"RAIN"：

R = 识别（Recognize）

A = 允许（Allow）

I = 探究（Investigate）

N = 不做识别（Non-identify）

R = 识别

有意识地认识到一种情绪的存在，可以让你摆脱自动驾驶模式，不再对其予以否认。杰克·康菲尔德（Jack Kornfield）在他的著作《智慧之心》（*The Wise Heart*）中，将其描述为："承认我们的意识，它们就会变得像高贵的主人……认可和尊重带领我们从妄想和无知走向自由。"简单、友善地尊重我们的情绪，可以把你从它的暴政中解救出来。

A = 允许

一旦你意识到一种情绪的存在，放弃任何试图去改变或者解决它的努力，这样可以帮助你直面真正发生的事情。当你注意到情绪时，试着轻轻地告诉自己："出现这种情绪没关系""我可以处理这件事"或者"在这一刻就让它存在好了"。此外，想象一下把你的情绪拥在怀中，把它当作是一个哭泣的婴儿一样，这是一行禅师建议的。回想一下在第一章中提到的那些有关耐心、初心、不予评判、无为等态度的练习，再做一遍，有助于平复情绪。许多年来，你都在与情绪进行对抗，所以不要着急，慢慢来，一次做一个练习就好。

如果情绪太多，你在当下难以允许其存在，也不必试图消除与之对抗的阻力。你不需要刻意让任何事情发生或让任何东西消失。如果在当下允许情绪存在似乎不太可能的话，你可以怀着同情心认识到阻力的存在，允许它在场，然后运用 RAIN 这一方法来处理阻力。

I = 探究

当困难的情绪出现时，我们往往会陷入一个与情况有关的故事中。我们试图解决它，要么替它辩护，要么试图摆脱情绪，又或者因为出现了这种情绪而谴责我们自己。探究情绪的一个更富成效之处是在我们体内。就这种情绪而言，你会产生什么感觉？你身体的哪个部分能感受到它们？你是觉得热、身体沉重还是身上发紧？你或许还可以温柔地称呼这个情绪。比如说，在探究焦虑情绪时，当你探索这种情绪的感觉时，你可以对自己说，"这就是焦虑的感觉"。在你探索与某种情绪有关的感觉时，试着对它，连同你自己，都抱有同情心。

强烈的感觉可能会让你觉得不堪重负，观察它们不是件容易的事。如果是这样的话，把你的关注点轻轻地放在体内没有受到情绪影响的某个部分——也许是脚趾，也许是呼吸。在集中注意力之后，转而回到探索与某种情绪有关的感觉中去。

N = 不做识别

在你痛苦的时候，你可能会感到孤单，觉得痛苦体验是独一无二的，别人无法理解。虽然痛苦是每个人生命体验的一部分，但你仍会觉得你是唯一一个在受苦的人。

很多年前在一次静修会上，我体会到了一种无边的睡意，心思无比散乱，这种感觉持续了好几天。在一次无重点冥想（unfocused meditation）中我睡着了，后来我睁开眼睛时，看到房间里大约有 100 个人都在冥想，我以为他们都体验了一次完美的、幸福的冥想过程。一想到其他人，我就充满了对自己的负面想法，包括无价值感和愤怒。当然，在那个房间里的其他人也感受到了痛苦。当我提醒自己，那个房间里的很多人都跟我一样有类似的经历时，我产生了一种归属感和欣慰感，而这正是我所需要的。

当你意识到苦难是人类体验的一部分时，你就不会那么在意它了，并会产生一种充满欣慰之情的归属感。我猜你肯定体会过那种松口气的感觉，在你知道还有别人同你有一样的情绪的时候。在你觉得要讨好人的难堪时刻，当你练习正念之时，只是提醒自己这种痛苦是人之常情，就会让你感到欣慰和舒畅。

练习：实践 RAIN

如果你在没有压力的时候练习过这一方法，那么肯定不如在倍感艰难的时刻练习更为有效。在做这一练习之前，先用几分钟的正念呼吸让自己安定下来。然后尝试着回忆一个讨好别人的场景，那是在情绪上很难堪的时刻。尽你最大的可能去回忆，仿佛就发生在眼下一般，尽可能回想起更多的细节，调动各种感官的感受。如果这能激发起某种情绪，那就把 RAIN 付诸实践吧：承认这种情绪的存在，允许它的存在，探究它，然后放弃与它产生共鸣。记得要善待自己，同时也考虑花一些时间把这段经历写在日记里。

‖ 罗伯特的故事

有一天我来到办公室的时候，我发现一个名叫罗伯特（Robert）的客户正在我办公室门外的走廊里等我。他是一位40岁的保险代理人，有孩子，也是参加我的正念课程的学生。我跟他打招呼，欢迎他的到来，很抱歉让他在走廊里等了那么久。

当我们开始谈话的时候，他告诉我在走廊里等我时，他充满了焦虑和不安：能说出这一点，罗伯特的勇气是显而易见的。他很忐忑，不知道我是否还记得他，或者是否会对他的出现无动于衷。另外，在我走出电梯以后，我和别人聊了几句话，他就认为我在意另一个人更多一些。我对他抱以同情，同时指导他注意自己的情绪，并友善地对待它。当他承认这种情绪的存在时，他将注意力集中在体内，见证了由焦虑演变成羞愧，对自己的过去感到悲伤，为这种情绪影响了自己的感情而感到难过，然后悲悯地看待这一切。这个练习帮他放弃了内心的种种想法，并给他带来了安慰。

非正式练习：在需要的时候练习 RAIN

当你认识到日常生活中出现了一种困难的情绪时，认可它，承认它的存在，并试着把你的注意力集中到当下。只用这一种方法就可能会缓解情绪。如果这种情绪还在继续，就可以练习 RAIN 这一方法。

非正式练习：在特定的情绪状态下练习 RAIN

选择一个特定的情绪，下定决心定期练习 RAIN，也可以每天都练习，坚持上一周甚至一个月。

小结

正念练习可以帮助你创造一个友好的态度来对待情绪，敞开大门迎接它们的智慧，并利用它们来促进疗愈。带着真诚的善意来面对它们，练习耐心和无为的态度。比起和它们做斗争，这样会更快速地解决问题。

第九章

NINE / 你有多久没对自己满意过了

　　对自己心怀善意，给自己一个机会真正
体会到善意的理解所带来的温暖和接纳，而
这正是你所渴望的。虽然你常常试图让他人
来理解你，但是真正能疗愈你的，是你对自己
的理解。

在所有的精神传统中，要想过一种有连接感和幸福的生活，同情和怜悯都是题中应有之义，它包括对苦难由衷的觉知，以及摆脱痛苦的愿望。例如圣经故事中的撒玛利亚人，他帮助了一位受伤的旅行者，为如何帮助人类同胞提供了一个典范。在佛教传统中，同情被描述为看到苦难时心都会为之颤抖，这也是悉达多由此发心寻找觉醒的初衷，终究开悟成为释迦牟尼。

在一次佛法讲座上，杰克·康菲尔德曾经说，"当慈悲遇到苦难，怜悯之心就产生了"。同情心对他人和对自己同样适用。

自我同情的挑战

在我的班上，很多人会这样直言不讳："我不明白怎样才算怜悯自己。"或者说："我都不喜欢自己，又怎么能同情自己呢？"鉴于我们都拥有同样的童年创伤，它们阻隔了我们与天性中的内在之善的连接，这些想法是有意义的。如果我们不了解自身的内在价值和可爱之处，我们就无法给予自身以同情。但是，一旦我们敞开心扉直面爱的本性，对痛苦有所觉察，自我同情就会油然而生。这让我们能够在苦痛之中善待自己。通过帮助我们直面生命中的爱和悲伤，正念和慈心冥想帮我们打造了一条通向自我同情的道路。

在我为讨好他人受挫而感到惶惑不安时，同情可以释放这一束缚。自我同情会让我的心在当下变得柔软，接受自己本来的样子，这正是我一直以来所要寻找的首要目标。在这一章里，我将帮你探索如何实施自我同情，它为什么重要，以及如何培养对自己的疼惜之心。

非正式练习：创立自我同情的目标

创立一些陈述语句帮你练习自我同情，然后利用它们给予自己善意。下面这些语句可能会对你有用："在我____的时候，我打算善待自己""我打算对自己所犯的错误充满善意，温柔对待它们""我打算关注对待自己的严厉态度，并加以改正"。早上醒来的时候，或在任何时候，都要提醒自己你的目标，尽你所能地去善待自己。这样做的话，即使是在难过的时刻，也会触动你内心对于快乐的渴望，增强你决意善待自己的决心。

自我同情可以帮助别人

在我们能看到白己的痛苦，并给予自身同情的时候，我们也能增强看待和处理他人痛苦的能力，这使得我们能更容易生出对别人的痛苦感同身受和给予他人温暖的能力。我们开始体会到身处生活的网络之中——这正是这么长时间以来，我们试图通过寻求外界认可而苦苦追寻的东西。另外，我们开始变得不太在意个人的痛苦，因为我们看到所有人都有类似的经历，并且，连接感可以不再依赖别人而产生，你自己内心随时可以体会到这种感觉。这多么让人欣慰啊！

自我同情的三个组成部分

克里斯汀·聂夫是一位教师，并且是研究自我同情的领军人物。她指出有三种因素会促生自我同情：正念、自我仁慈和共同的人性。

正念

如前所述，讨好型人格模式常常隐含着完美主义、自我批评和羞耻感。在练习自我同情时，你首先需要知道你身处这样的时刻之中。正念可以帮你观察到讨好别人的想法和感受，获得一些远离它们的自由，因此给你很多包括自我同情在内的新视角和观点。

还记得我的客户罗伯特吧，他担心我不关心他。当他在走廊里等我的时候，他把注意力转移到当下，注意到了自己痛苦的想法和感受。在参加正念训练和治疗之前，他会完全否认它们的存在。正念让他选择因为感到害怕和被抛弃而怜悯自己，而不是默默地吞下受伤的感情。反过来，这也给了他与我一起解决他的感受的机会，结果我们俩之间的连接感更为紧密了。

反思：探究你对待自身的苛责

当你陷入讨好模式的时候，这个练习能帮助你意识到这种对自己的苛责倾向，这样你就可以转而练习自我同情了。用几分钟的时间练习第七章中提到的慈心冥想，祝福一下自己。然后，不要试着过多地去分析事物，思考以下问题。在这些想法涌上心头的时候，请予以注意，并把它们写在你的日记里：

- 在你努力讨好别人的时候，你的身体里面会出现什么情况？你是否会为了确保完美地完成这项任务而对自己或自己的行为太过苛责？在你力求完美的时候感到紧张吗？你会对自己说什么？如果你确实对自己严苛的话，是以什么方式？你会忽视自己的需要吗？你体内感觉如何？

- 如果你觉得别人不认可你或者不赞成你做的事情，你的体内会出现什么情况？你会产生什么念头？你会对自己说什么？你会用严厉的语气对自己说话吗？你体内感觉如何？

自我仁慈

自我同情的一个关键要素是自我仁慈，即要练习在任何时候都要给予自己温暖和理解，尤其是当你陷入习惯性讨好行为模式之中时。当你练习正念的时候，尤其是在之前提到的反思之后，你可能会注意到在这样的场合下，你对待自己是多么严苛。鉴于我们都在模仿父母对我们的批评，并且完美主义、无价值感和愤怒情绪往往是和讨好行为模式息息相关的，因而你会苛责自己这一点就不奇怪了。然而，严苛只会增加你的痛苦。自我仁慈能消融这种严苛，让你在当下给予自己支持。童年时期的创伤导致了你习惯性向外界寻求认可，而这是朝着治愈童年创伤迈出的很大一步。所以记住要耐心和友善，即使在你无法感受到对自己的善意的时候。

了解习惯性向外界寻求认可的根源所在，认识到这并不是你的过错，这一点可以使你对自己仁慈。比如说，无法对别人说"不"源于小时候为了得到父母的认可而去讨好他们。当你对无法说"不"抱着善意的理解，你最初的伤口就会开始愈合，对自己心怀善意，给自己一个机会真正体会到善意的理解所带来的温暖和接纳，而这正是你所渴望的。用心理治疗师约翰·威尔伍德（John Welwood）的话说，"虽然你常常试图让他人来理解你，但是真正能疗愈你的，是你对自己的理解"。在你意识到你对自己并不友善时，自我仁慈的部分做法就是放弃对自己的苛责。

反思：探究你对于自我同情的信念

用几分钟的时间做一下正念呼吸和身体练习，让自己轻轻地安顿下来，然后反思一下你关于自我仁慈的信念。在你成长的过程中，在你没有讨好他们的时候，你的主要照料者会如何对待你？在你没有遵循他们的规则或无法满足他们的期望的时候，会发生什么事情？他们是否会严厉地批评你，或者叫你坏孩子？他们是否会收回对你的爱或者是否会对你冷暴力？你是否会感觉到自己不被爱、不值得爱或者自己有什么问题？用些时间把你的想法写在日记里。你能明白你的讨好型人格的根源不是你的过错吗？你可以对自己抱以友善的理解吗？如果不能的话，尝试以善意理解自己不能这样做。

‖ 仁慈与严苛

如果你有一个根深蒂固的信念，认为自己不被人爱，那么你可能会觉得自我仁慈不可能实现。这些信念不仅不会让你想到要善待你自己，你可能还会倾向于认为应该对自己再严厉一些，甚至暴虐一些。此外，你认为为了讨好他人而必须严格对待自己这一想法会让你很难实现自我仁慈。你可能会认为，如果你放松对自己的严苛，你就会变成一个一事无成的窝囊废。

所有这些信念都催生出一些消极的想法和感受，让你感到耻辱和无价值感，因而很难清楚地看到互动，难以解决冲突。内疚和羞愧会阻止你为可能造成伤害的行为真正负起责任来，而责备不会。有意识地进行自我同情的练习是一个可以治疗所有这些问题的有效手段。

反思：创建充满同情心的自我陈述

克里斯汀·聂夫建议要对自己柔声细语地说话。我的这项练习受到了她的方法的启发，它将帮你创立一些自我同情的陈述，这样你在苛责自己的时候就可以使用。查看下面的语句，确定哪些语句会适合你：

- 亲爱的，我很抱歉，这对你来说很难。
- 我无须向他人证明什么，我可以说"不"。
- 每时每刻去照顾每个人的需要不是我的分内之事。
- 与人相处不融洽这种情绪很难受，但我有权利做我自己。
- 觉得不值得被爱让人难过，但是我值得人爱。
- 没有人是完美的，包括我自己在内。
- 现在我如何才能更好地照顾我自己？

把这些语句记在你的日记里，连同任何其他你能想到的、能触动你的语句，都一并写下来。就像慈心练习一样，把这些语句放在容易找的地方，确保在你想对自己严苛的时候可以用上。可以考虑把它存在智能手机里，或者打印在一张漂亮的纸上。

非正式练习：对自己温柔地说话

在日常生活中，注意那些讨好别人的时刻。当这些情形发生时，对自己友善地说话，使用自我同情的语句或者重复从第七章开始的慈心冥想，练习几次。直面那些产生的感觉。

‖ 爱的抚摸

几年前我参加了一个仁慈静修会，我注意到其他与会者都把他们的手放在自己的心脏之上。我也试着做了一下，发现在说出我的仁慈语句的时候，我在身体上做出了一个善意和关怀的手势，非常有用。它能帮助我感受我正在培养的爱和同情。

在那种讨好行为出现时，你可以给予自己同样的爱抚动作。这种身体影响可以帮助你直面自我同情的感觉，而这种感觉可能已经被你抑制了很长一段时间了。

非正式练习：给予你自己爱的动作

现在试着对自己做一些关怀的手势。虽然起初可能会感觉不舒服，利用你想要的仁慈练习一个身体姿势，可以帮你感到善意。在你为别人如何看你而感到焦虑的那些时刻，你可以把你的手放在你的心脏之上，拥抱自己，或者用手抚摸自己的脸：这样你就可以给予自己一种善意。然后你可以跟自己说一些充满善意的话。这可能需要一些练习，但随着时间的推移，你能够珍惜你自己的触摸。放弃让自己感觉到任何东西的企图；相反，只是注意从这爱抚之中生出的任何感觉。有时会有温暖的感情存在，有时没有。

等到爱抚的手势对你来说变得自然而然，那么在你被严苛的自我批评所困扰的时候，你就可以使用它们了。一定要确保在你感到安全的地方和不被关注和打扰的地方去练习这个方法。注意产生的任何温暖的感情。

非正式练习：温柔地对待日常行为

在你进行日常活动的时候，注意你的态度。你在自我关爱和做家务的时候是否会感到紧张？或者是否会严厉地对待自己，渴求效率和完美？在你刷牙的时候是否会恶狠狠地、用力地刷它们？你在走来走去的时候脚步会很沉重吗？正如你所注意到的，如果你在日常行为中都充满善意和温柔，你就会缓和这种压力，并且放弃这种紧张感。

共同的人性

鉴于你的讨好行为倾向，可能很多时候你都会认为你必须去赢得别人的爱，但是仿佛试图这样做的尝试都以失败告终。这些体验可能会让你感到孤独和孤立。在那些时刻，善意地提醒自己：其实我们都有痛苦，我们都有人类的弱点，都会犯错误或会感到失望等，这样你就可以记住你身上也存在的共同的人性。

如前所述，每个人都体验过的童年创伤会导致讨好行为的艰难循环。也许是感觉到不被人爱和不可爱，这是由童年创伤所造成的，这是唯一造成深切的孤独感的原因。通过学习正念，我们可以记住这是一种常见的体验，这让我们不那么在意我们自己的痛苦，并且为别人也有这种体验而感到欣慰。

在一次为一个大型的大学医院的员工开设的冥想课程中，我们讨论了我们共同的人性。然后，在一个群体冥想练习中，我看着外面的参与者，看到一个女人脸上的阴郁和缓了下来并且逐渐消失。冥想结束之后，她告诉我们，在冥想之初她对自己感到恼火，认为自己伤害了别人的感情，但后来反思了一下我们共同的人性，明白所有人都做过类似的事情，并且也都有类似的感觉，这让她感到欣慰。

因为讨好行为包括努力变得完美，记住我们都有弱点可以帮我们接纳自己本真的样子。接受你的弱点需要勇气，特别是如果完美主义是你试图让别人爱你的一个重要途径。通过正念可以帮你接受你的人性，推动你从强迫寻求认可中抽离出来，踏上自由之旅。

反思：探究你的共同人性

通过几分钟的呼吸和身体的正念练习，让自己安定下来。然后思考下面的问题。在这些想法涌上心头时，注意一下，并把它们记在你的日记里：

- 回忆一些你记忆犹新的讨好别人的时刻。你感到孤立或孤独吗？在你的身体中的哪个部位你觉得有孤立感？

- 讨好行为的哪些方面会带给你最深切的孤独感和孤立感？你会为某人不关心你而忧虑吗？如果你找不到你所寻求的认可，你会感到孤独吗？

- 在你回忆起这些感受的时候，你会怎样对待孤独感？试着认可这种孤寂的感觉，允许它存在一会儿。运用 RAIN 处理这种情绪。会发生什么？

反思一下以下自我同情的语句，它们与我们共同的人性有关：

- 每个人都有心灵创伤，它带给我们现在这种痛苦的感觉。

- 因为每个人都会遭受这种痛苦，也许我不需要这么在意。

- 许多人都觉得事情是他们的错。不是我一个人这么认为。

- 没有人能每时每刻地讨好他人。

小结

　　正念、自我仁慈和感受共同的人性，可以帮助你培养自我同情。在你继续练习正念和慈心冥想的时候，你的自我同情会日渐增长。本章中提到的所有非正式练习也将是有益的。要知道，自我同情是一个循序渐进的练习，需要付出耐心和毅力。有时你会对自己抱以同情，而有时你又会陷入自我苛责和自我厌恶的情绪之中。然而，当你继续提醒自己对于自我同情的意图，并且信任这种练习不断发展变化的特性，你的心就会倾向于自我同情，更加坚定不移地练习。如果你能在自己的怀里找到安慰，你就能给予自己长久以来一直在找寻的爱，也能缓解刺激了讨好行为循环的忧虑。

第十章

TEN / 如何改变讨好型行为模式

如果你把精力过多集中在别人的需求上面，那么几乎不可能察觉出什么对你来说才是真正重要和有意义的，更不用说去采取行动了。

放弃旧的行为模式，尝试新的行为模式需要鼓起勇气，特别是当旧的行为是源自于恐惧时，而这种恐惧正是推动讨好型行为模式变本加厉的事物。通过正念和仁慈练习，你可以找到你所需要的勇气，对你的价值观和意图也会有所帮助。在任何特定的时刻，知道你想要成为什么样的人，明白如何行动，在生活中致力于依照价值观和意图身体力行，将帮你选择适合自己的行为。

本章对意图进行了探讨，提供了练习和反思内容，这都将使你自己的生活与价值观协调一致。这是把你自己从旧的行为模式中解脱出来的一个关键步骤。这么多年来，你都是依照别人的愿望在生活，你可以有自己的生活，走自己的路。

意图

在前面的章节中，你已经开始着手为自己创建新的意图。现在让我们回头审视一下意图到底是什么，以及它们如何能帮你改变自身的一些行为，带着更多的心意和意义投入生活之中。虽然对于"意图"有几个不同的定义，但对于我们的目的而言，意图是指我们在当下要如何行动或成为什么样的人。我们可以将我们的注意力和意志聚焦在意图之上，以便回应那些我们心中最珍视的东西，并与之产生共鸣。

意图反映了你想要过一种什么样的生活。明晰你的意图可以通过时时刻刻指导你理智行事，从而帮你按照自己的价值观行事。比如说，如果你想要活在当下，拥有连接感，你对于意图的意识可能会帮你停下来，欢迎你的伴侣回家，而不是忙得团团转，忙于做一些讨好对方的行为。

我们最深的意图就是生活在一个地方，在那里我们拥有对事情的发言权。很多事情是我们无法控制的，但是记住并按照我们的价值观行事，可以帮助我们保持正确的方向，这样当被动反应性像风暴一样向我们袭来的时候，我们就不会被它弄得无所适从。《与生活共舞：佛法关于在痛苦中寻找意义和快乐的开示》（*Dancing with Life: Buddhist Insights for Finding Meaning and Joy in the Face of Suffering*）一书的作者菲利普·莫菲特（Phillip Moffitt）说，"意图是让你与生活共舞的支点"。练习正念可以帮我们随着生活前行，依照我们的价值观行事，而不是冲动地做出回应。

讨好、意图和有意义的行为

因为童年创伤和讨好行为循环会将你与自己内在的连接阻

断，因而你就无从了解自己最深切的意图，或者与它建立联系：这是可以理解的。如果你把精力过多集中在别人的需求上面，那么几乎不可能察觉出什么对你来说才是真正重要和有意义的，更不用说去采取行动了。你大概可以记得无数次在你努力试图被人接纳时，你总是无法按照自己的价值观行事。

不管你是否与你的价值观和意图建立起了连接，你总是在选择当下要如何行动。遗憾的是，避免焦虑或无价值感等痛苦的体验往往优先于遵照你内心的智慧和意图行事。比如说，你也可能会尊重诚实和真诚，但为了避免焦虑情绪，你会躲避冲突，违心地说"是"而不是拒绝别人，或者表现得过于高兴。在这种情形下，对困难情绪的逃避反应使你远离你的价值观和内在的智慧，而且还会加剧讨好行为循环。

或许你的本意是想赢得爱和接纳，以及避免痛苦的行为，最后却自相矛盾地引起另一种痛苦。随着你与生活中有意义的和有价值的事物渐行渐远，你会使这种分离感持续下去，并最终感到不满、愤怒或沮丧。此外，你不会选择那些可能会帮你再次发现自己的行为，比如自我关爱和自我同情，或者遵循你内心中真实的想法。所有这些都会加强你无法遵照自己的价值观的和意图的倾向。

我努力成为一个注册会计师是为了讨好我的父亲，而没有遵照自己内心真正的意愿：我是出于害怕没有人爱我。在以后的生活中，我没有选择那些对我来说是正确的路径，我为此感到伤心、生气和沮丧。通过正念练习和心理治疗，我找到了遵循自己的心意行事和改变职业的自由。你也可以找到什么对你来说才是最有意义的事物的自由。

非正式练习：在习惯性讨好行为中运用意图

回顾一下从第三章开始的讨好行为列表，然后把此后你想到的任何其他行为添加进去。然后，在每一天开始的时候，选择一种行为来进行探究。如果你感到有要做某种行为的冲动，停下来，做一次深呼吸，然后问你自己："现在什么才是重要的？"或者："在这一刻我的意图是什么？"比如，在你感到有急于去帮助别人的冲动时，你可以停下来，做个深呼吸，提醒自己你的意图。这可以帮你允许其他人在有需要的时候，向你寻求帮助。

平衡意图和目标

意图和目标是截然不同的，并且知道它们的不同之处可以帮助你安住在当下，并且让生活充满意义。意图是关于我们想做一个怎样的人，以及每时每刻如何行事。目标是那些我们想要实现的具体的事情或者未来我们想让它发生的事情。

目标可以让我们的生活变得井然有序。在我们的价值观和意图之中创建一些特定的和可以实现的积极目标，并朝着它们努力，可以帮助我们提高效率，一般而言就不会感觉那么紧张。

但是如果我们在目标之中迷失了方向的话，我们通常会在未来甚至不会发生的事情上花费大量的时间。这种看重未来的心态会导致在当下产生焦虑和不满情绪，因为我们还没有实现所有的目标。此外，我们失去了与当下的联系。专注于当下重要的事物，放弃对于目标的执念，可以帮助我们安住在当下，辨识什么对我们来说是必要的。我们不需要摆脱我们的目标，但是我们需要在生活中找到更多的平衡，就什么才是当下最重要的做出有意识的决定。

正念意图

除了帮助与价值观和意图协调一致之外，正念会培养意识、同情心和开放的心态，从而影响我们的价值观。我们开始珍惜每个当下的时刻，摒弃与生活之间的一些斗争。我们会开始慢慢转变，从关注别人转而经常关注我们自身的内心体验。这一点，再加上对于我们内心之善的初步感受，以及与身体和情绪之间更深层次的连接感，可以帮助我们珍视自己的智慧。这让我们能够创建符合我们的意图和行为。通过正念练习之后，出现的意图常常是：不去伤害任何人；带着觉知、爱和同情来迎接生活；放弃嫌恶和执着，直面我们的体验；珍惜所有的体验，哪怕它是痛苦的。

非正式练习：与你的意图保持一致

在一天开始的时候，看着你的意图，让它们在你的内心产生共鸣。在一整天的时间里，特别是在讨好行为发生的时候，尽力遵从这些意图行事，与此同时练习对自己的耐心和同情心。即使你无法使你的行为与意图协调一致，你仍然可以从你的经验中学习，你对自己行为的新的见解将帮助你在未来做出不同选择。每天都提醒你自己的意图，随着时间的推移，可以不断强化它们。

非正式练习：注意对目标的执着

在白天的时间里，注意一下是否你的注意力都集中在一个目标之上，特别是包括了讨好他人行为的一个目标。如果你陷入上述目标，注意观察会发生什么事情。观察你是否领先了自己，离开了当下一刻，或者执着于使事情按照"正确"的方式发生。承认所有这一切，并且在当下问问你自己，什么是现在最重要的事情？你能放弃斗争，将你的意图调整到与当下这一刻契合的方向上吗？即使再次陷入目标之中，提醒你自己的意图将有助于推动它前进，随着时间的推移，使得你在未来能够有意识地行事。

讨好型行为的目标是获得认可，我们当然很容易陷入其中。当你在关注当下，注意到这一目标的拉力时，停下来深吸一口气，有意识地解决这个处境，可以帮助你利用诚实和真实的意图，并可能从违心地同意别人的意见只是为了让他们对你有个好的评价中抽离出来。

无选择的觉知

在发展正念的过程中，我们开始做的练习都高度聚焦，像激光一般，比如正念呼吸。这些练习引导下的冥想帮助我们集中了注意力，保持关注的稳定性。随着时间的推移，这一焦点扩大开来，将当下更多的体验囊括其中。最终，我们放弃关注任何特定的焦点，将呼吸作为一个锚点，观察我们体验的流动，用善意、独立的觉知去体察这所有的一切。这种类型的冥想被称为"无选择的觉知"。

"无选择的觉知"练习呼吁我们完全敞开心扉面对所有出现的体验：想法、情绪、声音或感觉。我们只是在这些体验的觉知中安歇，没有选择，不做斗争，不把任何特定的事物视作觉知的对象。你可能会认为"无选择的觉知"只是简单地活在当下。通过练习，你可以观察这些体验就像泡沫一样来来去去，飘进你的意识，然后逐渐飘远或者消失不见。

正念练习帮助我们体验到，我们的意识同我们的意识所认识的对象是截然不同的。它就好比一个手电筒，既可以照亮一堆垃圾，也可以照亮一朵花；手电筒的光束不受垃圾或花朵的影响：它只是照亮它们。同样，意识之光也不会受到思想、感觉或者感受的影响。安住在觉知之中帮助我们慈悲地见证我们的生命中所有的体验，无论是快乐的还是痛苦的。

在这个冥想中练习耐心和不予评判。因为它没有特定的关注焦点，所以起初看起来似乎很难。在你刚接触这个练习的时候，每次只练习"无选择的觉知"几分钟是个明智的决定。随着时间的推移，你可以增加在"无选择的觉知"方面的时间，它就会变成一个美丽而诱人的练习方式。

正式练习："无选择的觉知"冥想

现在暂时停下来，练习"无选择的觉知"冥想10到15分钟。随着时间的推移，你可以延长这一练习的时间。

以一个有尊严的、稳定和舒适的坐姿开始这个练习。练习呼吸的觉知，或者对于身体其他部位的体验，比如对于声音的感觉，持续几分钟的时间。

当你觉得准备好了，放弃意识中的任何对象。让你的意识对所有出现在你的体验中的事物开放：感觉、声音、思想、情绪……

只需带着觉知坐在那里，清醒地意识到你的体验，不要试图让任何事情发生。当你意识到你没有活在当下，你可以做两件事情中的任何一件。试着放弃任何期望值，不要试图去抓住什么，或者摆脱什么。你可以呼吸一会儿，然后扩展到"无选择觉知"，或者你可以只是简单地回到"无选择觉知"。

当你结束这次冥想时，轻轻地睁开眼睛（如果之前眼睛是闭着的话），把注意力转移到周围你所看到的事物上面。给自己一些时间来慢慢地活动一下，然后轻轻地移回这本书中，或者是你生活中的下一个目标上面。

把你的意图带到生活之中

在探究完你的价值观，确认了一些意图，并按轻重缓急进行排序之后，现在你可以看看如何把它们带到生活中，化为实际行动。多年来，你一直在依照别人的欲望努力，所以这可能看起来像一个挑战。然而，通过正念练习，你可以按照你的意图行事。然后，在你想附和别人的意见的时候，你可以考虑采取新的行为方式，比如说"不"，或者直接说出自己的想法，你会对因此而产生的焦虑表现出更少的反应。

在你考虑将意图转化为行动时，你要意识到你之前已经有了经验。事实上，即使你不想这样做，你可能也已经在按你的意图行动了。也许你喜欢吃汉堡和薯条，但是因为你重视健康，所以通常会选择口味较轻的轻食品。也许你愿意出去吃饭，但是因为你节俭，你通常在家做饭。你知道如何按照在你的价值观之上构建的意图行事。当然，可能将你自己从讨好行为习惯中解脱出来会很困难，这与它背后的恐惧以及这个循环的长期性有关。要记住，正念练习可以帮助你找到自觉行动的自由，而不是被动行事。

假设你的目标是富有同情心的自信，这符合你的诚实、正直和富有同情心的价值观。但是当你想与某人一起解决一个特定问题时，焦虑出现了。你可能会有类似的想法，比如"我还是退一步吧"或者"有什么大不了的，这真不是一个大问题"等。这种情况并不少见，尤其是如果你之前并不自信的话。

在那些你觉得已经偏离了解决问题的时刻，某些正念练习可以帮助你有意识地行动：哪怕只是简单地慢下来，深呼吸，活在当下。

现在你已经阅读到了这个部分，你无疑已经体验到了，有意识地进行呼吸就像在被动反应性的暴风雨中找到了一个港口一样。它可以帮助你识别出并放弃与想法、感受和感觉做斗争，挣脱它们的束缚，否则你的想法和情绪一定会控制你的行动。有了你所建立的这份安定感，你可以和你的情绪和平相处，练习自我同情，这可以使你提醒自己的意图。这是一个时间节点，从此你可以拥有真正的选择，按照内心的心愿行事。

‖ 阿德里亚娜的故事

阿德里亚娜（Adriana）是一位42岁的中层管理人员，也是参加正念课程的学生。一天她正在做饭时，发现自己感觉越来越急躁。她起初只是觉得脾气暴躁，似乎没有特殊的原因。当她停下来倾听自己内心的想法时，阿德里亚娜意识到她担心的是什么。原来她一直在想着她的老板会怎样评价她，这个念头一直在她的脑海中打转。为了得到升职的机会，她一直在尽最大努力去讨好老板，但她还是感觉某一天会惹恼他。各种念头一直在脑海中打转："他认为我糟透了，我现在不会得到提升了，他会解雇我，我很愚蠢。"她行进在面向未来的心灵之旅中，在她的想象中，她没有得到晋升，因而也就失去了升职可以带给她的更多的自主权，以及他人的认可。她试图逃开这一切，但是却感觉到越来越易怒和焦虑。

她注意到身体变得紧张，她转而关注当下，做了个深呼吸，意识到自己正在受到焦虑的控制，并陷入过于用力去讨好他人的旧习之中。站在那里进行呼吸练习，她注意到讨好他人的想法和感受是如此熟悉，它们之间相辅相成，滋养彼此。她练习给她的想法贴上标签，运用RAIN来观察她的情绪：识别、允许、探究和不做识别。这样一来，她就打断了讨好行为习惯的想法和担忧的正常循环，这使得她得以有意识地照顾自己，记住自己要活在当下的意图，带着开放和同情的心态来迎接自己的体验，同时也变得更加自信。

她不再让自己持久地陷入担忧和苛责之中无法自拔——之前这通常会持续一整个晚上——相反，她的心情在那些自创的温柔语句面前柔软了下来："哦，我最亲爱的，你受苦了。每个人都会犯错误。我现在怎样才能更好地照顾自己呢？"然后，她决定第二天早上要真切地为解决自己的烦恼做些事情，她会去跟老板谈谈，虽然她通常避免与老板做任何职业关系方面的讨论。把自己安顿好以后，她就能把感觉直接转回到切胡萝卜上面，能够嗅到在烹煮过程中它们散发出来的香甜气息。

当天晚上，担心和严苛的感觉再次袭来，但是她发现自己有勇气与她最深的意图重新建立连接：她渴望活在当下，温柔地、慈悲地对待自己。这给了她心灵的平静，她心跳平缓，因而一夜安眠。第二天早上，在与她的老板说话的时候，她感觉很平静。

阿德里亚娜的焦虑源于她担心老板不再欣赏她，以及担心目标无法实现。当她关注当下，她就得以在忧虑的暴风雨中找到一个港口，通过检查自己的意图，她找到了一个可以引领正确航向的船舵。她仍然希望得到晋升，但是却不再执着于此，她选择不管发生了什么事都要平静地生活。当然，得不到升职会让人感到失望，但是如果真的这样，她甚至可以带着善意的觉知来迎接这种失望，以符合自己意图的方式做出回应，接纳自己，慈悲地对待自己。

反思：探究有意识的行为

2009 年，心理学家丽莎白·罗默和苏珊·奥尔西洛建议研究焦虑将会对有意识的行为产生怎样的干扰，让你避免做出一些有意识的行为，因而无法与你的价值观保持一致。这一反思将会帮助你做到这一点。

你可能需要参考在本章之前生成的意向列表，以及第三章中的讨好行为列表，所以确认一下两个表都在你手边。练习几分钟的正念呼吸练习，轻轻地安静下来。然后思考下面的问题。请注意涌上心头的那些想法，并把它们都记在你的日记里：

- 讨好行为是如何影响你与自己的意图和内心智慧相连接的意愿或能力的？

- 因为害怕被拒绝或感觉没人爱，你曾避免做过什么？因为你觉得自己不值得人爱或者自己不可爱，你曾避免做过什么？这又带来了什么样的后果？对你产生了何种影响？你可能希望参考讨好行为列表。这些行为的后果是什么？

现在花几分钟想象一下，如果你能摆脱讨好别人的行为，能自如地按照自己的价值观和意图行事，你将会做何行动？

- 什么行为能帮你更好地照顾自己？
- 什么行为能帮你照顾别人的同时而不失去自我？
- 什么活动或行为会使你的生活更加快乐、更有意义？
- 什么行为可以支持你的正念练习？

这里有一些行为建议，你可能希望做一个参考：

- 每天抽出时间练习正念冥想；
- 不时停下来，做个深呼吸，慈悲地关注你的体验，将其安住在你的生活之中；
- 暂停一下并记起自己的意图，可以帮助你确定什么是当下最重要的；
- 当你陷入讨好行为习惯的泥淖中时，练习自我同情，培养对自己的耐心；
- 注意观察自己急于去帮助别人的反应性冲动，然后停下来考虑做出选择；
- 富有同情心地与他人解决问题；
- 当你想要或需要时说"不"；
- 即使与他人意见相左，也要表达出自己的意见；
- 将那些反映你最大价值观念的意图贯彻到底；

- 做出真诚的行为，而不是每次都伪善地行事；

- 每一天都要进行自我关爱；

- 每次出现错误的时候，放弃自责；

- 与别人真诚地交往。

在回顾了你的意图，以及你对问题的答案之后，列出那些你想在生活中培养的行为习惯。

带着意图和行为去努力

现在你已经澄清了你的价值观，将你的意图做了优先排序，确认了你想培养的行为习惯，那么你就能更好地按照你的价值观做出选择。当然，改变习惯并非一件容易的事，尤其是那些讨好他人的行为模式已经伴随你很久了。以下部分提供了一些提示，可以帮助你培养新的行为习惯，并将正念、意图和同情带到这一过程之中。

慢慢地开始

慢慢地开始，这样你就不会觉得不知所措。如果你还没有准备好，给自己一个星期左右的时间，放慢速度，只是观察你自己寻求认同的行为，而不要试图去改变什么。这可能看起来像是一小步，但是只是观察你的行为可以帮助你不再那么依赖自己的体验。它也可能帮你注意到在你的行为之下潜藏的任何焦虑，随后帮你捕捉到你可以练习有意识的行为的情境。

因为在我们感到精力充沛、得到滋养和相对安逸的时候，事情往往会进展得更为顺利，照顾好自己就显得很重要。在你感觉良好的时候，开始尝试新的有意识的行为，就比当你感到疲倦或身体不适，又或者精神沮丧的时候开始要好得多。你在一种新的行为上有了经验之后，在其他方面也可以应用。

即使在一个美好的一天里，如果要试着努力完成整个新行为列表也有些勉为其难。一次顾及一个新的行为即可，这样可以帮你缓解压力。选择一个相对简单的行为加以试验，然后再由此及彼。

在培养新的有意识的行为时，首先在简单的情况下进行练习，然后再进展到更困难的情境中是一种很巧妙的做法。举个例子，告诉杂货店店员对方多收了你的钱，比拒绝帮助一个你从来没有拒绝过的朋友在情感上来说简单多了。

练习耐心和自我同情

在任何时候——尤其是当你开始练习有意识的行为时——练习自我同情和耐心都很重要。这可以让你感觉压力没那么大，更愿意活在当下，考虑什么是目前最重要的。

在开始行动之前先停下来

在你觉得讨好行为习惯的想法和情绪袭来时，停下来做个深呼吸，让节奏慢下来。这一暂停就在刺激（讨好行为习惯的想法和情绪）和你的行为反应之间形成了缓冲，可以帮助你记起要巧妙地处理你的情绪，实践自我同情，与你的意图协调一致。这将赋予你更多按意图做事的自由，而不是对当下可能出现的焦虑情绪做出反应。

放弃任何预期

对待任何行为，尤其是新行为，注意到它并且放弃对此行为做出任何判断，以及你对这一行为的潜在结果所抱有的成见。你的预期会影响你是否会切实付诸行动，以及你实施该行为的方式。如果你认为坚持自我、保护自己的权益会遭人嫉恨的话，你可能永远都不会这么做，或者你可能只是半途而废。另一方面，如果你期待你的行为能立刻让事情变得更好，你可能会给自己施加更多的压力，当用力过猛，或者当结果无法达到你的预期时，你可能会失望，从而放弃努力，不给新的行为一次公平的尝试的机会。

采取一种"让我们看看会发生什么"的态度，试着把你的行为当成一种实验。培养一种探索和好奇的感觉可以帮助你保持开放的心态，减少阻力，更愿意尝试那些通常会带来焦虑的行为。当你继续尝试新的行为时，拥有一个探索和好奇的感觉可以使参与新的行为变得更为有趣。

再次开始

虽然正念对你练习新的行为会大有帮助，但是你仍然会不可避免地再次自动陷入旧的讨好行为习惯中去。即使是那些经常练习正念的人，也会在自动驾驶模式上面耗费大量的时间，受到反应性的想法和感受的影响，而这往往会导致习惯性的行为。换句话说，即使进行了专门的正念练习，有很多时候你也不会停下来，不愿做个深呼吸，不想与你的意图建立连接，不会做出有意识的行为。

例如，假设你在一个聚会上，你想要得到主人和其他客人的认可。这可能会产生许多讨好性的想法和感受，你会发现自己热切地渴望获得每个人的欣赏。你也会发现自己可能会在不知缘由的情况下急于去帮助别人。然后，你记起了自己的意图，你可能会认为自己有点不对劲，因为你还没有真诚地对待别人，或者也没有询问主人是否需要帮助。此外，在你看到脱离讨好行为习惯之路如此漫长，而你的进展很缓慢时，你可能会感到沮丧。考虑到这种想象中的失败，你可能会对自己更加严厉苛责，想着"我似乎无法得到它"或"我一文不值"。要知道每个人都会时不时地犯些错误,这点很重要。不要太过在意,不要轻易放弃。

当你注意到你的行为没有与自己的意图保持一致时,就是你觉知开启的时刻。不管你将何种有意识的行为坚持到底,也不管你已经在反应性中迷失了多久,你都已经在从头开始。这是正念带给你的礼物之一。在每个时刻,你都有机会去探索你想要自我觉知、耐心和自我同情等种种深切的意图,而不是在被动反应性的大海里进一步随波逐流。你可以问自己:"在这一刻我要如何?"这样即使你迷失在更加严苛和批评的汪洋之中,你也可以从头开始。

带着自我同情去支持意图

带着同情心看待自己那些旧的、基于恐惧的反应性行为习惯,可以帮助你愈合过去的伤害,而正是它们催生了上述行为模式。它也可以规避进一步的自我批评和严厉苛责。如果你记着包括自我批评在内的讨好型行为习惯,其实代表着你想要照顾自己的努力,这样一来自我同情就会变得容易一些。通过正念和慈心练习,你可以培养出能够感到深深的自我同情的能力,尤其在你的行为方式与自己的意图并不相符的时候,能够善待自己。

随着你的正念练习不断深入,你可以更快、更频繁、更轻松地捕捉到讨好行为背后的想法和感受，增加有意识做出行为的能力。此外，你在始终如一的基础上与你的意图建立联系，你就不断强化了意图。再者，同这个意图——通过正念将你唤醒，带着觉知面对生活——保持一致，将在你所了解的正念和在实际生活中带着觉知生活之间建立一个通道。这将使你的正念练习充满活力，不偏离正轨。

非正式练习：认可自己

在你将一个有意识的行为坚持到底时，停下来，做个深呼吸。不管坚持新的行为会出现什么样的结果，都要认可自己这种从内心产生的勇气，给予自己一份同情。

非正式练习：将慈心施及自身

当你无法按照你的意愿行事，或当你的行动与意图相背离时，停下来，做个深呼吸，注意你的内心体验。试着放弃任何判断，给予你自己一份善良和同情。

小结

正念可以帮助你直面自己，明白在生命中什么是最重要的。有了这种清晰的认识，你就可以确定你最深刻的价值观和意图，并把它们作为在当下你想要成为什么人或如何行事的指南。然后你就可以利用每时每刻的觉知去寻找机会与你的意图重新建立连接，并且让你的行为与它们保持一致。在你与自己的意图建立连接后，你给自己自行选择行为方式的自由，而不是基于恐惧的想法所驱使做出被动反应，或者卷入讨好行为的旋涡中苦苦挣扎。基于自己的意图行事，你就会坚定地将生活掌控在自己手中，打开通向快乐和有意义的生活的大门。

第十一章

ELEVEN / 运用正念解决亲密关系
中的冲突

　　随着克里斯开始接受自己是一个脆弱的、
有缺陷的但却不失美丽的人，她开始以同样
的方式看待别人。她逐渐放弃了对查尔斯的
期望，不再期冀对方能够或者应该给予她完
美的爱，她给了对方更大的自由来做自己。

让我们重温一下克里斯的故事：她在花园里瞬间醒悟，这给她带来了某种程度的自由。随着持续不断地进行正念练习，她学会了对自己的思想一笑置之，在开发自己的愿景和力量去追求自己的生活路径的同时，还不忘同她的丈夫查尔斯保持一个更加充满爱意的、平衡的关系。这条新的道路不乏挑战，但是正念帮助她在沿途时刻走得脚踏实地。因为这些变化也对她的婚姻形成了挑战，所以克里斯和查尔斯需要学习如何更加娴熟地交流。在这一章中，我们一起来看一下旅程的部分风景吧。

这一章关注的重点是如何用正念处理关系和解决冲突，探讨如何通过新的视角观照他人和自身，而这样可以给关系带来喜悦和欢乐，减少冲突。本章还汇集了几个正念练习的例子，将它们总结为一种统一的方法，在出现任何困难时，特别是在发生冲突的情况下，相信都会有所帮助。这一章还将继续关注伙伴关系，但是你尽可以放心地在所有关系中使用这些方法。

在婚姻或其他伙伴关系中，你和你的伴侣要一起进行冥想练习，并实践本章所提供的策略。以一种充满爱意的方式邀请你的伴侣和你一起练习，但注意不要试图去催促或哄骗对方。即使你的伴侣不选择正念练习，你通过自己的努力也可以营造一种涟漪效应，这同样可以改变那些与你关系亲密的人，包括你的伴侣。

关系中的意图

在讨好型行为模式中，人际关系背后潜藏的无意识的动机往往是与人为善，从善如流，不给别人添麻烦。因此，利用你在第十章所创建的意图是很有必要的。随着你修习正念，以及逐渐放松那些由恐惧所引发的动机，你可以更轻松地达成那些诸如开放坦诚、建立连接、自信且富有同情心等意图，或在你的人际关系中建立平衡。

反思：探究关系中的意图

慢慢地安顿下来，用几分钟的时间做一下正念呼吸和身体练习，然后反思你在关系方面最核心的价值观。你可能会重新回顾第十章中"反思"的部分。对你在有意义的关系中所经历的困难做一个梳理，并考虑你的行为在面对这些困境时可能发挥了怎样的作用；与此同时，一定要对自己仁慈和悲悯。同时还要记住，就所有的关系困境而言，双方都有不可推卸的责任。这一反思的关键不是为了责备你自己或沉湎于过去的困难；相反，它是为了展望一个前景，在以后的每时每刻，你想过一种什么样的人生以及你在关系中想如何行事。花些时间把你对于人际关系方面的意图记在你的日记里。

非正式练习：牢记关系中的意图

在日常生活中，在你与所爱的人接触时，停下来做个深呼吸，要牢记自己的意图，如何度过每一分每一秒，然后试着按那些意图行事。即使你当下没有成功，你也会从你的经验中受益，你审视自己行为的新视角将使你在将来做出不同选择。

假设你对伴侣感到失望，因为对方没有告诉你他要迟到了。自信和诚实的意图可以帮助你富有同情心地面对这种沮丧并予以解决。然而，你想要变得自信和诚实的能力每时每刻都会发生改变。如果你注意加以练习，你可以更频繁地学习如何自信并诚实地行事。

透过崭新的视角看世界

就拿克里斯来说吧，她注意到了自己的想法，认为她丈夫在心里对自己腹诽。你也可以像她一样，调整对合作伙伴以及关系的看法，可能会带来不同的影响。正念可以赋予你一种慈悲的、有意识的、独立的观点，通过它，你可以看清你对自己和伴侣有害的看法。从这个角度看来，你可以更加娴熟地处理这些看法。通过新鲜的视角看待自己和他人，对于创造更为友善的关系、处理冲突和变化多端的关系动态至关重要。

讨好行为的一个痛苦之处在于，它们创造了同他人的分离感。克里斯认为她的毛病是与生俱来的，她必须时刻讨好查尔斯的想法，使得她无法与对方建立连接感。此外，这些想法催生了怨恨，使得她深深陷入孤独之中。

杰克·康菲尔德将这种分离感描述得十分到位。有关我们是谁的想法一旦生出，就会日益顽固，就像"漂浮在水面上的冰"，冰似乎是独立于水单独存在，但是它却切切实实地来源于水。我们对于自己的观点就像那些坚硬的浮冰，它切断了我们的连接感。通过有意识的正念，这些观念的坚冰会逐渐融化，思维变得更加流畅，让我们得以意识到我们属于某种比我们自身更大的一部分。有了这种归属感，我们意识到自己已然拥有了我们一直在寻找的这种连接感，所以我们感到更加自由，可以自如地解决愤恨，可以在需要的时候说"不"。

就像在漫长寒冷的冬天过去之后坚冰终会融化一样，假以时日，我们的看法也会消融。在你的观点似乎已经顽固地改变无望的时候，耐心、随性，坚持进行正念练习，将会帮助你度过生命中的寒冬。

透过崭新的视角看待我们自身

如前所述，童年的创伤会产生一些思想和感情，这会导致长期而持久的疏离感。对于克里斯来说，随着她以"随和"的假面示人，并且力求完美，这种疏离感会与日俱增，使得她以一种真诚的方式与查尔斯建立联系的机会渺茫。此外，她担心如果自己开口说出来，肯定会碰壁；她认为一切都是自己的错，这也使得她无法解决冲突。就这样，她错过了通过富有同情心解决冲突、增进亲密感的机会。

通过正念练习，克里斯看待自己的那些带着局限性、僵硬刻板的观点开始松动。她逐渐开始更灵活地看待自己，意识到在她眼中的自我形象纯粹是她的个人认知，并不能涵盖真实的自我。过了一段时间之后，她觉得能更为自如地接纳自己，更能随遇而安。

当她开始感到不那么恐惧之后，她发现自己行事方式与之前不同了。她摘下长期佩戴的"随和"的面具，让别人看到她不是永远都那么令人愉快的，也不总是像看起来的那么完美，而是一个真实的、有缺点但美丽的个体。她可以转向追求爱情，而不是躲开亲密和冲突。她对别人对她的想法不再忧心忡忡，不再努力去满足对方，因此压力和不满减轻了不少。所有的这些都帮她卸下了很多的防御，建立起更真实的连接感，更自信，愿意解决关系中的冲突。这对克里斯和她所爱的人来说，都是一件幸事。

透过崭新的视角看待他人

随着克里斯开始接受自己是一个脆弱的、有缺陷的但是却不失美丽的人，她开始以同样的方式看待别人。她逐渐放弃了对查尔斯的期望，不再期冀对方能够或者应该给予她完美的爱，她给了对方更大的自由来做自己。她开始对查尔斯抱以同情心，不再试图通过她的完美主义来控制他，想要尽力去赢得他的认可。带着耐心和恒心这样做，你也可以达到这种境界。2012 年，作家、演说家和牧师特里·赫尔希（Terry Hershey）在他的网站上说："当我们不再歇斯底里地要求不完美的人做到完美时，变化就会产生。"

当你通过新的视角来观照他人，你就打开了镀金的鸟笼，释放那些不太可能完成的任务，比如以快乐来回报自己。一旦你摆脱了那些不切实际的期望，双方的愤怒和怨恨都将消散。同样，这种自由的感觉也可以帮助人们在其他方面做出改变。

更加善意地看待他人的另一种方式就是，将他们与其行为区分开来。此外，辨识出在他们的行为中弥漫的要争取快乐和自由的这一深切和充满爱的意图，可以改变你的观点，即使你感觉到你被别人伤害了。你可以开始允许他们犯错误并对此抱以同情，即便他们的行为非常笨拙，给你带来了伤害。这样做可以在起冲突的时候让你的情绪有所缓解，用一个更富有同情心的语调说话。

随着克里斯不断深入地练习，她开始看到查尔斯也拥有与生俱来的内在之善和正念观念。查尔斯也是平常人，也有痛苦和无奈。或许和克里斯一样，他也有自己的童年创伤，也有自己的"心猿"。这样想来，克里斯在面对冲突和伤害的时候，就可以以一种更为慈悲的心态和更柔软的态度来看待查尔斯。如果你从这个角度看待你的伴侣，你们双方，包括你们的关系，就会取得长足的发展。

他人透过崭新的视角看待我们

无论你的伴侣践行正念与否，你的练习将帮助你的伴侣看到你真正的样子。随着克里斯开始接受自己本真的样子，放弃她对完美主义的坚持和长期的讨好行为，查尔斯就可以看到一个真实的她——一个美丽的但有缺陷的人。随着查尔斯开始认清克里斯真正的样子，他们的关系打开了崭新的通道，他们之间建立起更为真切的联系。

透过崭新的视角看待关系

在你注意到并且放弃了对人际关系的一些执念之后，你可以逐步摒弃一些想法，诸如你必须不断照顾别人的需求，以及给他们提供你自认为他们需要的东西等。再强调一遍，无论你的伴侣践行正念与否，他/她无疑也能感受到练习的效果。这可以帮助你们双方逐步放弃一些在你们的关系中徒劳无益的行为。也许你会感觉可以更为自由地在关系中寻求平衡，摒弃一些你受恐惧驱动所做出的照料行为。反过来这将给你的伴侣留有余地，让对方慢慢放弃理所当然的感觉。你们的关系会变得更加平衡，关系契约也变得更为平等、有爱和充满连接感。此外，曾经不言而喻的契约会变为一个有意识的口头协议。在本章后面的部分，我将描述一个和平条约的过程，这将有助于建立这种类型的协议。

非正式练习：通过崭新的视角看待你的伴侣

当你看到你的爱人时，请注意你此时涌现出来的想法。你又在脑海中构造出一个什么样的想法？你是否能想象出你的伴侣是如何想你的？在你的想象中，是否你的伴侣正准备批评你？有意识地承认这些想法。

接下来，设想一下你是第一次见到伴侣——就像第一章的正念饮食练习中对待葡萄干或其他食物一样。注意当你以这种方式看你的伴侣时，会产生什么感觉。你可能会更清醒地觉知到自己的意识，使你更为开放地面对这一念头，即你的伴侣身上所拥有的特质比你认为的更多。这可以帮助你更为慈悲地看待你的伴侣，不那么被动地做出反应。

处理困难

克里斯一直以来都在逃避，甚至会逃避发生冲突的可能性，但是随着克里斯开启了她的觉知和自由之旅，在沟通关于他们的关系的变化方面，她和查尔斯就遇到了一些挑战。克里斯逐渐停止了她的一些过度照顾的行为，开始经常去表达自己的需求和欲望。大多数时候查尔斯也松了一口气，可以从她无微不至的照顾中挣脱出来，并且为克里斯能大声地表达自己的观点而感到自豪。然而，有时他也会觉得困惑或愤怒（当然这是可以理解的），因为他要适应克里斯不再迎合他，不再总是同意他的意见。在你有意识地去重新定义你们之间的关系时，可能会出现一些困难，所以以下章节会提供一些建议，可以为你应对可能出现的困难提供一些帮助。

学会 STANTALL 原则

在讨论有关如何处理冲突时，你可能会发现这个缩写"ST-ANTALL"非常有用：

S= 暂停（Stop）

T= 深呼吸（Take a breath）

A= 宽容（Allow）

N= 关注（Notice）

T= 转向爱（Turn toward love）

A= 确认（Affirm）

L= 仔细倾听（Listen deeply）

L= 充满爱意地讲话（Lovingly speak）

如你所见，STANTALL 囊括了正念的许多方面，在用爱、同情、接纳和自信处理关系方面非常重要。练习这一原则的过程并非线性的；相反，它涉及正念练习的各个方面。无论你的伴侣照做与否，你都可以自行遵照执行。在你们讨论之前或讨论期间，或者两者兼有的情况下都可以应用此种方法。

让我们看看，在克里斯与查尔斯讨论他们关系的变化之前和在此期间，这种方法是如何对前者产生影响的。

‖ S= 暂停

在与查尔斯讨论之前和讨论期间，克里斯充满了焦虑和无价值感，这样一来，她就切断了同当下的连接。这一方法让她注意到她一直在启动人生的自动驾驶模式。暂停帮助她赢得一个喘息的机会，可以在刺激和自动反应之间稍作停顿。

‖ T = 深呼吸

有意识做一次深呼吸，使得克里斯找回些许平静，在纷乱的想法和思绪中间可以让自己的心稍稍平息。在当下，深呼吸是一种手段，可以让意识和身体安定下来。

‖ A = 宽容

"宽容"和"关注"（下一个步骤）是齐头并进、并驾齐驱的。

在讨好行为习惯占上风或者你希望解决不满的时候，一个宽容的立场可以帮助你轻松地安定下来。放弃挣扎，减少做出被动反应的感觉通常像是被扔进游泳池里。当你不再挣扎、不再扑腾起水花之后，你可能会发现你完全可以在水里站起来。

正如克里斯放慢了节奏，停下来做了几次深呼吸之后，她意识到自己正心潮澎湃、思绪万千——过多的情绪如潮水般涌来，她很难分清楚都是何种情绪，更遑论将它们区别开来。牢记着她的情绪向她传递了有价值的信息，她试图带着开放的心态面对它们，让它们任意存在。虽然最初她无法放弃试图抑制或拒绝痛苦情绪的挣扎，她练习让自己宽容，允许它们发生。她将这种宽容的心态进一步延伸到自己身上，这就帮她进一步平息她的防御心态和被动反应，因而可以直面她的体验。

|| N = 关注

抱有一种开放的心态，时刻给予关注，可以赋予你一个独立的视角，否则发生的所有事情就都将是一堆杂乱无章的刺激因素，很可能会推动你简单地做出被动的反应。在关注内在体验时，你会注意到自己的感觉、思想和情绪。在你加入一个对话时，你会关注到对方的言语、身体语言和面部表情，你还会感到连接感。这就像是以正念观察很多方面，耐心和持续的练习会有所帮助。

由于长期以来都有讨好型行为习惯，你可能会倾向于对别人的体验保持警惕，但是却忽略了自己的。在进行艰涩的谈话之前先留出些时间缓冲一下，会促使你关注自己的内在。试着关注一下你所有的体验，或许还可以贴个标识，尤其是身体的感觉和感受，或许你对这些感觉已经久违了。关注、宽容，心怀同情地去看待你的体验，它可以使你心平气和、满怀爱意地倾听和诉说。

正如克里斯准备与查尔斯谈话之前，她注意到有那么一个时刻，她曾极力想让查尔斯同意她辞掉工作重新返回学校的要求。然后在下一个时刻，她又想放弃这个想法。她还注意到，她会为查尔斯要说的话感到焦虑，并充满戒备。他会生气并冲她叫喊吗？他会认定她是自私吗？

克里斯注意到她的体验包括两个方面：攫取（查尔斯的认可和同意）和厌恶（为自己对查尔斯将要做出的反应和即将来临的

挑战心怀恐惧）。有意识地承认她的体验中的这两方面，对它们的存在抱以宽容的态度，帮她把她的想法和感受只是看成头脑中发生的事件而已，这就使得她可以远离被动反应性，给予她更多的自由。她感到更平静，对过程更加信任，并培养出一种"让我们看看会发生什么"的态度。在她和查尔斯谈话的时候，她能提醒自己不要忘记这些认知，这可以帮助她继续培养一种开放的态度。

而在实际对话中，关注对方的沟通是至关重要的。STANTALL原则前面的四个部分——暂停、深呼吸、宽容和关注——可以帮助你更好地活在当下，并且以开放和坦诚的心态进行对话。

|| T = 转向爱

你的正念和仁慈练习可以帮助你用爱关爱自身以及他人。当你得到一个更独立的视角以后，温柔地接受自己，与你的意图相对应，你会感到与他人关系更为密切，不再过多地依赖他们的认可。如前所述，你可能会承担让别人看到你本真面目的风险，同时你也可以看到别人是独一无二的、可爱的。它使你找到勇气活在当下，并且选择一个充满爱意和同情心的言语和行为方式。

即使你的感情受到了伤害，你也可以设身处地地为对方想一下。此外，辨别对方的适应性意图，并把他／她的行为与共同人性分开，可以帮助你体会同情。在人与人之间，与你的伴侣建立一种连接感，并且带着爱意而不是怨恨来讨论关系中的不足之处，该多么幸福啊。

我们可以直面我们对于爱的深切渴望，以及伴随这种欲望而来的弱点，从而愿意给予和接受更多真诚的爱，甚至可能是无条件的爱。正如克里斯观察到了她的想法和感受，试着练习放弃，给予自身同情，她就开启了直面这些深化感情的渐进之旅，这使得她更容易满怀爱意和同情转向查尔斯。

|| A = 确认

如果伴侣中有一方是讨好型人格，关系往往会变得不平衡。另外一方常会拥有更多的权力，在大部分时间起主导作用。这种不平衡会使得双方在处理冲突的时候更具挑战性。后退一步，肯定你在正念中学到的内容，这一点将至关重要。承认你的本性、你的内在之美、你的缺陷和共同的人性，会让你与伴侣之间的关系更为平衡。你会滋生出一种价值感和归属感，这能推动你表达你的意见和需求，即使你感到这样做底气不足。在一个艰难的对话之前或之后，试着给予自己仁慈和同情。这将帮助你安慰自己，它还将帮助你将仁心善念和同情心给予你的伴侣，并且全心全意地聆听对方。

肯定和照顾你的情绪可以帮助你承认自身的脆弱，并与其安然相处，因为脆弱，你总是无法直截了当地说出自己的需要和想法。2006 年，约翰·威尔伍德在他的书《完美的爱，不完美的关系》（*Perfect Love, Imperfect Relationships*）中说，大部分的时间，我们都只是抱怨没有得到我们想要的，而不是直接开口要。他继续解释说，抱怨和谴责是一种防御，害怕被别人看到或知道，而这可能使我们得不到自己想要的东西。关注别人怎么不给我们自己想要的比暴露自己容易得多。然而，直面这种脆弱却是深切连接的一个重要组成部分。

就在她与查尔斯谈话之前，克里斯观照了自己的情绪，她注意到她心里存在着诸多抱怨和防御，比如"查尔斯不在乎我想要什么""他总是做他想做的事情"。她也意识到，查尔斯很少重视她的欲望的一个关键原因在于，她对此很少表达出来。

正当克里斯想到要和查尔斯探讨一下他们的关系模式，直接对他说出自己想要什么时，她注意到自己产生了恐惧和怯懦的想法："如果他笑话我该怎么办？他会不会认为我很自私？"她停了下来，做了个深呼吸，允许这些情绪简单地存在于她的体内。在那一刻，她流下了温柔的泪水，她同情查尔斯，也同情自己。她意识到，如果查尔斯可以倾听和尊重她的需要，她会感到被爱的感觉，而要实现这一目标，她就必须表达自己的欲望。克里斯决定鼓足勇气告诉查尔斯，她想辞职重新回到学校。

你可以以类似的方式培养在场的感觉和非反应性——如果你想遵照你最深切的意图去生活的话——这是必不可少的。在发生冲突的任何时刻，你都可以提醒自己想起自己的意图，从而确认一下对你来说重要的东西是什么。即使在冲突之中，这也可以帮你有意识地引导自己的行为。一旦你确认了自己的内在之善以及自身的需求、情绪和意图的有效性，一定也要以同样的方式认可对方，肯定对方的权利，以及确认你以尊严和同情对待自己和伴侣的意图。

‖ L = 仔细倾听

克里斯用了些时间让自己头脑变得清晰和冷静，准备全心全意地倾听查尔斯的诉说。查尔斯认为如果她辞掉工作的话，他们的家庭收入就会受到损失，他对此表示担忧；在她认真倾听的时候，她感到了与查尔斯之间的连接感。她感受着查尔斯所说的内容、他的肢体语言和面部表情；在她觉得内心有所触动之时，她也观照了一下自己的内心体验，感到有一种油然而生的同情心和同理心。当她感觉想回避这个话题，吞下她的欲望，屈从于查尔斯的喜好时，她提醒自己保持活在当下，只是倾听，培养一种"让我们看看会发生什么"的态度。

‖ L = 充满爱意地讲话

因为克里斯是带着意图深切地倾听查尔斯的诉说，她要让他知道她听得见他说的话，理解他的担忧，对他表示同情。要做到这一点，汉瑞·亨德里克斯（Harville Hendrix）在他 1992 年的著作《让爱常驻》（*Keeping the Love You Find*）中，提出了一个有效的方法：镜像（或改述）、确认、移情和总结。尽管这种沟通方式需要付出额外的时间和精力，但是它有助于理解、连接和共情。为了让你了解如何实现这一方法，让我们看看克里斯在面对查尔斯的时候，是如何融会贯通地使用这四种元素的吧。

在停下来做了一个深呼吸之后，克里斯复述了查尔斯之前所说的话："如果我理解正确的话，你的意思是，你虽然支持我回到学校开创一个新的职业生涯的想法，但是你认为如果我一段时间不工作的话，我们的家庭收入就会出现状况。你现在有一点不满，因为如果我回到学校，你就会成为家里唯一一个挣钱养家的人，还会觉得不堪重负。是这样吗？"查尔斯点点头表示同意。

接下来克里斯确认了查尔斯的体验："从你的角度来看这件事，你认为我们会资金紧张，你说得确实有道理。"尽管克里斯明白查尔斯为什么会这么想，但是她不认为他们会陷入财务困境，并且短期内无法结余很多。尽管如此，她还是倾向于向查尔斯妥协，放弃自己的想法。她停下来，做了一个深呼吸，默默地认可自己的想法和感受。然后，她提醒自己想起自己的意图——她要尊重自己的需求，充满同情，但是又断然地说出自己的需求。

有了这个提醒，克里斯觉得她可以同情自己，同时也可以理解自己的感受。她发现她可以与查尔斯共情，并且说："我能理解你对我想辞掉工作这一想法感到不满，会觉得有负担。"查尔斯叹了口气，脸上流露出一种轻松的神情，说道："是的，谢谢你的理解。"

运用了镜像、确认和移情之后，克里斯开始做总结。她说："我听到你支持我回学校，但是你认为如果我这样做的话，会造成我们经济上的负担。你那样想，然后感到不满，我对此可以理解。"她可以看到查尔斯的肩膀放松了下来，整个身体变得松弛，他说："你明白了。"克里斯感到一阵温暖和轻松的感觉，充满了连接感。

多亏了这次成功的沟通，克里斯感到更有信心以一种充满爱意和自信的方式，继续告诉查尔斯自己的想法和愿望。在整个谈话中，在她开始说话之前，她停下来做了个深呼吸，简单做了一下 STANTALL 练习。通过这种方式，她鼓起勇气把谈话转向了他们的关系的一般模式，在其中她会屈从于查尔斯的任何想法，以及他可能正在关系动态中所扮演的角色。

充满爱意地讲话的一个总的指导方针，就是遵循以下黄金规则：你想让别人怎么和你说话，你就怎么和别人说话。这意味着如果不想伤害别人，以一种真诚的方式说真话。2009 年，我的朋友兼同事斯蒂夫·弗洛沃斯建议要强调善意，指出说那些善意的内容，要比说那些 100% 都是真实的内容，可能更富有同情心。

因为克里斯习惯于隐藏自己的情绪和想法，她想要在说话时多些具体的内容，讲话更加果断自信。为了达到这一目的，她在说话中运用了以下方法。这是她的医生告诉她的，也是很多沟通专家建议的。这些指导方针帮助克里斯掌控她的情绪，避免说一些指责和评判性的言论。

1. 当你……（简要描述行为）；

2. 我感觉到……（一种情绪）；

3. 因为……（简要解释你感知这种行为的方式）；

4. 我想要的是……（简要而具体地描述它）；

5. 你能不能……（一个非常具体的、特定的请求）？

以下内容是克里斯为了讲话果断自信而运用了这个方法以后，和查尔斯进行的谈话："当你不关心我想要什么东西时，我感到愤怒和被冷落了。我认为你不关心我和我的需求。我要知道的是你是关心我的，关心我的欲望。就这个影响我们两人的问题，你能不能问问我具体是怎么想的，我到底想要什么？"

查尔斯沉默了片刻。然后他走过来，给了克里斯一个大大的拥抱。他告诉她，他没有意识到对她来说，说出自己的想法是多么困难，然后他同意了。

小结

通过 STANTALL 这一缩写所代表的练习，你可以更加平和地活在当下，心态开放，互相感受到爱意。这种方法可以帮助你鼓足勇气，充满同情和自信地进行交流。当你逐渐培育出自我接纳，直面已然在你体内存在的爱意，来自伴侣的爱可以成为幸福的源泉，而不是表面上看起来那样不足。所有这些因素都将滋生一种你的伴侣和你自己之间的连接感，能凸显你的存在感。这样一来，你们的关系就会少些不满，多些快乐，在冲突发生的时候，能增强你们处理冲突的能力。克里斯练习 STANTALL 的方式是她所特有的。在你试着用直觉来分辨什么才是适合你的时候，你会发现你自己独特的使用这种方法的方式。我希望 STANTALL 是一份你送给自己的礼物。

第十二章

TWELVE / 让正念冥想成为生活
的一部分

通过正念练习，你会获得平静的心态和
洞察力，它使得你在情绪上更富弹性，逐渐
摆脱讨好行为习惯所带来的焦虑。

我对很多人说起过正念，他们都对此有一个本能反应，深切地明白这种做法与自己的情况契合。也许你也有类似的体验和感觉，觉得它也非常适合你。反思一下你在阅读这本书时的感想，在做实践和练习的时候感觉如何？你学到的东西与你的情况吻合吗？如果相符的话，你可能会想形成一个常规的正念练习习惯。

进行持之以恒的练习将帮助你培养一种开放的客观觉知和无反应性，而这正是你需要运用到讨好习惯中去的正念心态。反之，如果不持续加以练习，你可能会退回到之前的反应习惯，每当感觉紧张的时候，就会自然地对思想和情绪做出本能的反应。因此，本章探讨了如何使正念练习成为日常生活中的一部分这一问题。

意图、目标和承诺

尽管正念练习非常有意义，但是将它融入你的日常生活并非易事。正如你在第十章中所学到的，坚持你的意图，并牢记坚持遵循这一步骤，会使你将生活重心放在生活中对你来说真正重要的事物上面。想要变得清醒有觉知、有同情心、有宽容心和良善，即使在你觉得很多其他事物侵占了你的时间时，这些意图仍然可以帮助你选择练习，帮你安然地度过生命中的喜怒哀乐的时刻。让你的意图成为你的向导吧。

订立目标也很重要。在修习正念方面，你的目的何在？或许你的目标就是每天进行冥想。也许你想在居住地附近找一个正念练习班，或者去参加一次静修会。也许你想要阅读一些这方面的其他书籍。有目标的练习可以帮助你不会偏离正轨。只记得不要执着于任何特定的结果。相反，只是根据你的意图生活，生活中其他的事情，就顺其自然好了。

在我们的文化中，大多数人的生活都是忙忙碌碌。考虑到你倾向于长期讨好他人，你可能手头会有一大堆事情要做。你可能会觉得定期进行正念练习是一个令人生畏的挑战。坚决承诺带着觉知生活，包括认识到自己寻求认可的倾向，可以帮助你找到继续和深化你的练习的耐心和毅力。可以试着承诺每周练习五天，连续坚持两个月，让自己浸润在正念的氛围中，看看这种练习是否适合自己。如果感觉尚可，你可以在这两个月之后做一个长期的练习承诺。无论你决定做何种承诺，把它作为送给自己的一份礼物吧，在你多年否定或忽视自己的需要之后，这是一个自我尊重的表现。

很多人认为承诺和纪律是有义务性或者是惩戒性的，比如耐克的口号是"想做就做"。我想说的是"带着同情心去做吧"，这样一来，过程就满溢着善意和慈悲。

反思：探索你对正念练习的意图

用几分钟的时间练习一下呼吸和身体的正念练习，让自己轻轻安静下来。然后反思你跟随这本书练习正念的体验，想想你如何将其融入你的生活。花一些时间把它们写在你的日记里，然后将你的想法凝练成一个简洁的语句，比如"我承诺将通过一个充满活力的、长期的正念练习，带着觉知去生活，寻找自由"。就像在阅读本书过程中你所创建的其他意图一样，也把它保存在你的智能手机里，打印在一张漂亮的纸上，或者是写在一张索引卡片上。你可能想多做几张卡片，然后把你的承诺张贴在一个或多个你经常可以看得到的地方。

持续的正式练习

我建议你每周至少有 5 天的时间可以进行正念冥想练习。有些人特别精进，一上来就每天练习 45 分钟左右，这种时间安排正是大多数以正念为基础的减压课程班所建议的。其他人更喜欢慢慢地渐入佳境，起初冥想的时间不宜很长，随着时间的推移，慢慢地延长时间。注意一下对这两种选择的任何评论，然后将其搁置一旁。不管使用哪种方法，你都要留出时间与你的思想、身体和情绪和平相处，摒弃自动反应模式，这将唤醒你的觉知，感受一个充满智慧和意义的生命。

可以采用以下为期两个月的计划来夯实一个坚实的基础，在此基础上你可以进行一个长期的练习。冥想练习是循序渐进的，所以我建议你按顺序进行练习。在第一章中提到的耐心、毅力和所有的正念态度都将支持你经常练习。

给所有的冥想一个机会，让它们有机会深入你的内心。大多数人都有偏好，但是一定要确保自己不要因为从一开始就不喜欢某些练习，就贸然假设它们不适合你。带着初学者的心态对待每个练习，而不是假设你不喜欢某个特定的练习或者认为它对你不起作用就放弃它。我在下面提供了一个详细的练习计划，你也可以自己定制自己的练习。跟随你的直觉，放弃对于练习应该如何构建的预期。

第一周：进行 15 到 45 分钟的身体扫描练习。

第二周：练习身体扫描，以及 10 到 15 分钟的正念呼吸。

第三周：交替练习身体扫描、正念拉伸和行走冥想 20 到 45 分钟。练习 20 分钟的正念呼吸。

第四周：交替练习身体扫描、正念拉伸和行走冥想 20 到 45 分钟。练习 20 分钟的身体正念呼吸。

第五周和第六周：交替进行声音和想法正念练习15到30分钟，同时练习身体扫描或正念拉伸15到45分钟。

第七周：练习你选择的冥想形式，每次至少45分钟。如果你正在使用引导录音，可以尝试着在不用录音的情况下做做练习。

第八周及以后：如果你此前一直使用引导录音，只要你想用，可以随时恢复使用。用你的直觉为你选择合适的做法。

继续深化练习可以帮助你将正念变成可以持续一生的练习，使之成为一种生活方式。你的时间利用方式可能要受到挑战，以及你所认为的值得花时间的事情。我们经常认为我们应该花时间去做事情，但是就体验而言，你可能会发现冥想可以使你的其他活动都更为平和与安逸。虽然这一次并没有做事情，但是你可能会变得更有效率。所以在一个真的很忙或很艰难的一天中，如果你感到时间紧张的话，就抽出哪怕只是几分钟的冥想时间都会大有裨益。比如说，你可以在会议间隙练习冥想，或者在去接孩子的路上都可以练习。

如果你想让冥想成为你生活中的一部分，你必须腾出空间和时间来练习。设置一个特定的冥想时间有助于确保你会去练习。许多长期坚持下来的人都在清早进行冥想，这有助于为一天的心情奠定基调。他们做些事情让自己清醒，比如给猫喂食或者用凉水洗脸，然后冥想。我建议你也可以尝试在清早进行冥想，但如果你的情况不允许，其他时间也可以。如果你的情况不允许每天在同一时间进行练习，那就同你自己预约可行的时间，然后尊重这项预约就像对待你的其他预约一样。

在你家里找一个特定的地方练习。可以简单到只是房间的一个角落，但是确保在这里你不会因受到打扰而中断。用那些让你感觉舒适的材料来装饰它，使这里成为一个受欢迎的空间。请求家人支持你的练习，在这段时间里，尽量把干扰和噪声降到最小。虽然在家里有一个单独的空间会很有帮助，但是你可以在任何地方进行冥想：在飞机上，在医生办公室的候诊室里，或者是在公园的长椅上。

持续的非正式练习

希望你一直在尝试本书中提到的所有的非正式练习。为了帮助你培养非正式练习的习惯，回到第一章的练习部分，专注于以下练习：停下来做一次深呼吸；带着觉知吃东西；发现日常生活中那些特殊时刻；在日常生活中练习正念；在正念中使用提示；巧妙地利用你的智能手机等。这些练习能培养正念呼吸，在简单的日常生活中保持觉知，帮助你在当下觉得安心踏实。通过这些练习，你可以经常地对你的生命有一种直接的感知体验，而不是思考你正在做什么，或者纠结于过去抑或是沉迷于未来。这使得你可以安住在当下，体验每一刻本真的样子：你真正在生活着的那些时刻。它让你更充分地生活在你所唯一拥有的时刻：当下。

简单地停下来，做个深呼吸，注意到当下时刻，任由你的体验自由存在，这种持续进行的非正式的练习将帮助你越来越少地进入自动驾驶模式。不要试图抗拒这一练习，它的重要性怎么强调也不为过。如果你试图使用念力摆脱一些感觉或体验以达到目标，你只会徒增痛苦。

同时还要记住，正念所构建的当下的存在，帮你打开了一扇大门，经由那里，你可以走上更少地做出被动反应，带着更多的同情和洞察力生活的道路。有了这条路，做出巧妙的、善意的选择的能力就会出现。在《与生活共舞：佛法关于在痛苦中寻找意义和快乐的开示》一书中，作者菲利普·莫菲特说，"正如我一直以来竭力主张的那样……尽你的全力直面你最为深切的意图，然后就交给……觉醒了的真实的存在吧"。

要知道，进行非正式练习可以有很多方法，在这本书中提供的只是挂一漏万式的可能性。此外，我希望你能花一些时间练习STANTALL 原则，直到它与你的天性融为一体。这一原则包含了多种实践方法，你可以视情况而定，可以使用全部或者只是一部分。另外，请记住在第一章中提到的练习正念的态度：耐心、初始之心、不予评判和宽容等。所有的态度都值得培养，都将有助于深化练习，不管是正式还是非正式的。在这本书中提到的练习和案例故事并非是给你树立如何集中注意力的标尺；相反，它们是建议你如何巧妙地应对自己的情绪的体验。在你决定应该如何练习的时候，要仔细倾听你的心声，并让练习以自己的方式徐徐展开。

非正式练习的做法不那么复杂，日常经历有助于你培养出一种在艰难的时刻感到在场的能力，尤其是在你产生了要去讨好别人的冲动时。如果你曾经练习过演奏某种乐器，或者从事过一项运动，你就会知道你必须从基础知识开始。例如，如果你弹钢琴，你可能从键盘和简单的歌曲开始，做好准备才能弹奏更为复杂的曲子。

在讨好别人时或压力重重时练习正念，要比你在铺床时感受平整床单的感觉困难得多。说到这个，你甚至可能会发现连铺床这件事都充斥着担心、寻求认可的成分。你可能意识到自己肌肉紧张等生理感觉，也会感觉到自己出现了"天啊，他会认为我做得不好"或者"我希望他偶尔也能铺床"等念头，或者产生了羞愧、愤怒或怨恨的感受。

以铺床这件事为例，现在就从你所在之地开始吧：进入正念的存在，只是呼吸，注意发生了什么事。试着承认你在当下体验到的任何情绪，然后轻轻地、善意地放弃做出判断，在你在床垫上面平整床单的时候，将注意力转移到的光滑的床单上面。有时候以这种方式切换你的注意力，可以让你在当下感觉很踏实，观照一下你在讨好行为中的艰难处境。假设，同之前一样，你的注意力返回到令人不安的想法、感觉或情绪之上，可以试着多次回到铺床的感觉上面。

如果讨好型行为模式仍徘徊不去，那么转而探究一下你体验的其他方面。在呼吸中保持不动，探索、允许，并带着同情的心态去面对体内产生的直接体验——正如第五章中所描述的那样——尤其是那些可能与目前的情绪有关联的部分。如果你感到与自己的身体和情绪已经很长一段时间都没有建立连接了，那么这点可能更加重要。感受身体产生的感觉可以帮助你接近身体的智慧、创造力和直觉，这些可以成为你优秀的向导。你也可以尝试给这些感觉做标记，注意它们不断变化的特性。

此外，正如第六章所述，观察并给你的想法做一个标记，可以帮助你找到与之和平相处之道。对我来说最有用的一个非正式练习的方法就是第六章中提到的"关注你的讨好型行为习惯的焦点"。你也可以运用第八章中所提到的"瑞恩法则"（RAIN）与你的情绪友好相处，从而舒缓自己的情绪。

你也可以运用第七章中所提到的方法，注意并放弃对自己的严厉苛责，给予自己仁慈的祝福；也可以运用自我同情的方法，正如第九章中所提到的——这些方法都是行之有效的。这些方法会帮助你记住你的真实本性，包括你的内在之善和共同的人性。选择 STANTALL 原则中任何合适的方面予以练习，就像在第十一章中提到的那样，也会有所帮助。所有这些练习都可以帮你接近你要在当下成为什么样的人的意图，正如第十章所述。你的意图对你如何以符合价值观的方式应对目前的状况来说很关键。无论是在任何特定的时间，运用何种方式，信任觉知的简单练习和你的直觉，应与带着觉知生活这一意图保持连接。

在通读完这本书后，你会熟知很多能够帮你从讨好别人的想法、情绪和行为习惯中解脱出来的练习。为了继续向前推进，关注那些最有帮助的，或者选择那些看起来在当下最为合适的练习方式。如果你更看重稳定有序，选择一个想法、情绪或行为，练习一个星期或者两个星期，然后切换到另一个。如果你选择这种方式，你可能想要从那些不那么高度紧张的情绪、想法或行为开始，这样你就会对继续练习建立自信。或者，你可能希望首先针对一种在你每天的日常生活中制造了很多问题的情绪、想法或行为入手。不管使用哪种方法，你可能会发现运用第三章中提到的讨好思想、感情和行为列表会很有帮助，并且可以帮你决定从哪个习惯开始着手。

完美主义和练习

对你的生活造成了影响的倾向也会影响你的正念练习。如果你和大多数有着讨好型行为习惯的人一样，也是个完美主义者，你可能会在正念练习中，为自己树立一些不太可能实现的标准。你可能认为在练习的时候不应该走神，或者你可能相信通过练习能够给予你在合适的时候立即说"不"的能力。然而，你不可能完美地进行正念练习。这是不可能的。记住，正念的成效有时可能是突然显现的，而有时可能是润物无声、循序渐进的。了解这一点可以帮助你让练习自然进行，对它的发展过程充满信任。我鼓励你让你的练习顺其自然地向前推进，不要试图揠苗助长。

意识到完美主义有其想要获得爱和接纳的自适应目标，并且完美主义不是你的错，这个认识可以帮助你培养对这种应对策略的善意的理解和同情。在完美主义倾向出现时，注意你的内心体验，让你的善意的理解惠及自身。同时也提醒自己你的内在之善，以及人性中不完美的部分，继续通过慈心冥想和正在进行的自我同情培养这种意识。

要遗忘的和要牢记的

在正式或非正式的练习中，产生觉醒体验的那一刻，恰恰就是在你发现自己在当下没有集中注意力的那一刻。把它看成是一个惬意的、开启另一个高度的起点吧。即使你感到自己有些迷失，对体验有些麻木或者持续几个小时、几天、几个月或几年之后仍然陷入了寻求认可的行为习惯之中，你依旧可以从头开始。这是正念所带来的伟大的礼物之一。当你注意到你在当下有些心不在焉，注意到你已经偏离了练习的正轨，你就在那里，活在当下那一刻，准备重新开始。

小结

在你练习的时候，请记住，正念只是以开放的、宽容的心态，一次又一次地关注当下，不要试图让任何事情发生。通过正念练习，你会获得平静的心态和洞察力，它使得你在情绪上更富弹性，逐渐摆脱讨好行为习惯所带来的焦虑。通过这种方式，你可以获得能够选择一种和谐稳定并富有同情心行为模式，而这才是符合你最深切的利益的。

在你敞开心扉面对你与生俱来的内在之善，并且认识到这个世界的可爱之处时，你就不再那么依赖别人来认可你的价值，能够更好地遵循对你来说有意义的路径。你的爱能绽放，并将会延及你爱的人乃至一切众生，你也可以坦诚面对他们的爱。有了这个开放的心态，你能够将无条件的爱给予自己和你所爱的人，再通过你已然觉醒了的头脑和心灵，你就可以疗愈自己童年的创伤，最终摆脱痛苦的、无效的讨好行为习惯的循环，获得自由。

我衷心地祝愿，在你培养正念的过程中，能够收获自由和爱。

愿你内心平和。

愿你接纳自己本真的样子。

愿你懂得自己的内在之善。

愿你幸福，实现真正的自由。

致　谢

在我的日常生活和婚姻生活中，我丈夫约翰·托马斯·帕弗立赛克（John Thomas Pavlicek）展示出了他的善良、支持和慷慨，对此我深表敬意。约翰让我知晓了什么是爱，并让我感受到了爱、接纳、同情和创造力。他始终对我充满信心，不管是从最初作为一名职业正念讲师还是到最近开始撰写这本书，一路走来，他都给予了我很大的支持与帮助。我永远都感激约翰，他是我此生挚爱。

我还非常钦佩和敬爱我的朋友、行政经理科特里亚·巴斯蒂安·斯科特（Ketria Bastian Scott），她带来了美丽和创造力，接手了种种冗杂的行政事务，所以我才得以专注于这本书的写作。我非常信任她的创意、决策力和执行到底的能力，并对此深为感激。她是一个自天堂来到凡间的天使。

我还深深感激我的生活老师和冥想老师，也就是我的父母格兰特·韦伯斯特和梅赛德斯·韦伯斯特（Grant and Mercedes Webster）；我的姐妹们，达纳·韦伯斯特（Dana Webster）、金·克莱门特（Kim Clement）和罗宾·别尔考（Robin Perko）；埃莉诺·夏纳修女（Sister Elena Shiners）、玛丽·迈尔逊（Mary Meyerson）、琳达·贝尔（Linda Bell）、苏珊·帕克伍德（Susan Packwood）、贝蒂·伦茨（Bette Lenz）、戴安娜·温斯顿（Diana Winston）、乔恩·卡巴金、一行禅师和杰克·康菲尔德等。

对于在本书的写作过程中，那些阅读过草稿，并提供了指点和支持的人，我在此表示衷心的感谢。早些时候，查理·斯科特（Charlie Scott）提出了宝贵的意见，并且让我相信自己可以写成本书。贝蒂·伦茨、赛尔·普赖斯（Ceil Price）、科特里亚·巴斯蒂安·斯科特、达纳·韦伯斯特、特瑞纳·琼斯·斯坦菲尔德（Trina Jones Stanfield）、金·克莱门特、露西亚·麦克比（Lucia McBee）、南希·辛普森（Nancy Simpson）和休·扬（Sue Young）等，都阅读过此书，并提出了意见，我爱你们所有人。

还要感谢纽哈宾格出版社（New Harbinger）的杰斯·毕比（Jess Beebe）、尼古拉·斯基德莫尔（Nicola Skidmore）和贾丝明·斯塔尔（Jasmine Star）诸位编辑，感谢你们清晰的思路和指导。同时还要感谢纽哈宾格出版社的杰斯·奥布莱恩（Jess O'Brien）以及所有同仁，谢谢你们自始至终的支持。